商業領袖的

核心領導力

聖座促進人類整體發展部　編著

澳門利氏學社　中文譯本主編

目錄

序一

主教的話

金錢與利潤是營商的最高考慮，這似乎已成為商業機構的核心使命，倫理道德又看似會削減利潤，而不利企業。況且要面對變化多端，充斥着惡性競爭，及時有貪腐之營商環境，也實在令人生畏。既然如此，在企業社會責任上，商界應否只流於口惠而實不至呢？

抗衡此類全面推崇利潤極大化及減低成本的理念，殊不容易，皆因在大部分商學院裏，已不斷重複向學生灌輸這理念。

因此，繼「上海光啟社」及「河北信德社」於 2015 年出版之《企業界的使命》第一版簡體中文譯本後（新版英文譯本於 2018 年 9 月面世），另一繁體中文譯本面世，誠然是可喜及意義重大的，祝願此新中文譯本，能夠備受華南地區內外之企業領袖歡迎。

本書作為基督宗教社會訓導主要概念的相對簡短撮要，我認為是一本值得向所有企業家或商業機構——不論有沒有宗教背景——推薦之極珍貴「手冊」（*vade-mecum*），好讓他們得到正直、誠實、尊重、同理心及自律等核心價值之實用指引，以上核心價值原建立在團結互助、上下輔助、公益支柱之上。

就個人認為，香港及澳門從來都是大刀闊斧轉向另類經濟模式的先驅，兩地持續在不同領域內，探索商業倫理與企業社會責任等議題，例如推動信用合作社、消費者運動、通過廉政公署打擊貪污，以及借助各種新嘗試推廣國際商業倫理，本人亦曾偕同多位朋友和耶穌會弟兄參與其事。

然而，一如教宗方濟各曾經挑戰不同意見領袖，去改變經濟範式——從追逐私利轉向真正利己先利他的模式，本人亦期望在香港與澳門致力推動的商業倫理及消費者運動，能夠持續開花結果，影響遍及全亞洲。

擁抱核心價值的生活無疑要求極高能耐與恆心，本人十分懷念已故耶穌會士狄恆神父，也有幸與他一起生活多年。狄恆神父，被我們暱稱「Freddie」，不僅在香港教育界推廣普世人性價值上努力不懈，而且更是一位謙遜、堅毅、真正以身作則、春風化雨的領袖。

在此，本人以熱切盼望及欣喜，歡迎即將舉辦之「狄恆責任型創業獎」(Deignan Award for Responsible Entrepreneurship)。受本書《商業領袖的核心領導力》勾勒的願景，以及在商業倫理之相關文獻所啟發，此獎項將會每年提醒各階層的商界人士，在良好經營上，繼續持守美善的價值觀。

天主教香港教區主教

周守仁

寫於聖母無玷始胎節

二〇二一年十二月八日 香港

Message from Bishop

The only thing which ultimately counts for business is money and profit. This, allegedly, is its core mission. Ethics is therefore harmful for business as it risks reducing profits. Should business, therefore, pay lip-service to Corporate Social Responsibility?

It is not easy to quickly counter such a view with its exclusive focus on profit maximization and cost cutting, as it has been inculcated repeatedly in most of business and management schools.

It is therefore a welcome and significant event that, after the publication of the first Chinese version of the document *"Vocation of the Business Leader"* jointly published by the Guangqi Press in Shanghai and Xinde Press in Hebei in 2015 (New English version published in September 2018), a new Chinese edition using traditional Chinese characters has come out and, hopefully, will have a broad reception among business people in and beyond southern China. The challenges of an ever changing, negatively competitive and sometimes corrupt business environment are daunting.

Therefore, this book being a relatively short summary of key concepts of Christian social teaching seems to me a most precious *vade-mecum* for any entrepreneur or business organization, regardless of their religious or non-religious background, to find guidance about the practical meaning of the key values of integrity, honesty, respect, empathy and self-discipline, based on the pillars of Solidarity, Subsidiarity and the Common Good.

Hong Kong and Macau, in my view, have been forerunners of a broad shift toward alternative economic models, exploring Business Ethics and Corporate Social Responsibility in several areas, such as the development of Credit Unions, the Consumer Movement, the fight against corruption through the Independent

Commission Against Corruption (ICAC), and various initiatives to promote International Business Ethics, in which I have been involved with lay and Jesuit friends.

However, as Pope Francis has challenged different key opinion leaders to change the economic paradigm from a self-serving model towards a genuinely altruistic one, I do expect that the distinct initiatives for promoting Business Ethics and the Consumer Movement in Hong Kong and Macau, will continue to flourish and may have a diffusing impact throughout Asia.

As living by key ethical values demands a lot of stamina and perseverance, I cherish the memory of Fr. Alfred Deignan, S.J. (1927-2018) with whom I had the privilege to live with a number of years. Fr. Deignan, or "Freddie" as we liked to call him, was tireless not only in promoting universal human values at different levels of education in Hong Kong, but especially in giving the example of an inspiring leader who genuinely walks the talk in humility and determination.

I welcome therefore with great expectation and joy the upcoming launch of the "Deignan Award for Responsible Entrepreneurship." Inspired by the vision outlined in the book, *"Vocation of the Business Leader"* and other key documents on ethics, the award will, annually, remind businesspeople from different walks of life to continue their attempts to remain faithful to good values in doing good business consistently.

Stephen Chow S.J.,
Bishop,
Catholic Diocese of Hong Kong
Hong Kong, Feast of the Immaculate Conception of Mary,
8 December, 2021

序二
商業領袖的使命

在全球化的現代世界中，最大的需求之一為擁有一種優秀企業家典型——能推動及攀上更高商業道德水平的典型。商業活動與每一個人的生活息息相關，任何不道德的商業行為只會令貧者越貧、富者越富，對大眾福祉構成嚴重的不公。

《商業領袖的核心領導力》面世適時，它試圖提醒人們應重新正視道德價值對社會行為的重要性，尤其是對於商業行為。對企業領袖而言，這本書是絕佳的指南。地球上的財貨原是供全人類使用和共享，不容壟斷和貪婪破壞人與人的關係與和諧。

在現今的商業世界，我們需要能以正直與誠實的價值觀來激勵我們，並能為社會大眾福祉謀求公義的企業領袖。

我希望這本書可啟發大部分的商界人士，為社會整體利益着想。若能付諸實行，社會將變得更美好。這需從教育入手，從低年級開始，培養學生重視人際間的道德價值，從而將世界導向更喜樂的方向。願這訊息廣傳，讓更多人得悉，尤其是企業領袖。我極力向大家推薦這本萬眾期待的《商業領袖的核心領導力》。

耶穌會士
狄恆神父

Vocation of the Business Leader

One of the greatest needs in the modern world of globalization is to have an image of a good business leader who inspires and reaches up to a higher level of behavior in business. Business touches everyone's life and where there are corrupt practices in business they lead to poverty for the majority and riches for the few. There will be a lot of injustice, with little respect for the common good.

This book is a very timely contribution in trying to bring back a greater awareness of the need of moral values into the behavior of society, especially business. It is a wonderful guide to leaders. The goods of this earth are meant for the whole of humanity and should be shared, no monopolies and greed which destroy relationships and harmony.

In today's world of business we need leaders who inspire us with high values of integrity and honesty, who seek justice for the common good of society.

I hope many business people are inspired by this book for the benefit of society as a whole. If followed it could change society for the better. This needs education beginning from the lower forms, promoting a strong emphasis on moral values in our relationships which will lead to a happier world. May the message spread and become better known to all, especially business leaders. The book is highly recommended and greatly needed.

Alfred J. Deignan S.J.

序三

企業領袖面對的三大隱憂

在人工智能、大數據、金融技術、幹細胞、機械人等高科技急速發展的今天，越來越多人擔心科技會取代就業，令金錢及權力更集中在少數企業手上、使財富更不均、國與國的競爭更為尖銳。《商業領袖的核心領導力》正好適時對企業的倫理原則作出反思，並把企業領袖所需的能力和正向價值觀整合起來，為面對挑戰和重重壓力的領導者提供參考，更可作為培育專上學生的教學材料。能為這本書作序言，我甚感榮幸。

頗負盛名的加拿大天主教哲學家泰勒（Charles Taylor）在其《本真性倫理》（The Ethics of Authenticity）一書中指出，現代性有三大隱憂，分別是個人主義、工具理性主導及喪失自由。

（一）先說個人主義——根據社會學家韋伯（Max Weber）的經典分析，有關物質世界的一切事實，現代文明都以客觀中立的科學方法進行探究、建立有真假可言的知識；但價值和意義這些東西，卻不是科學方法觀察的對象（顯微鏡下沒有道德對錯，太空望遠鏡亦勘探不了宇宙存在的意義）。因此，現代人輕視了我們生活在共同的信念和價值觀中，意義與價值變得主觀而沒有絕對的標準，你認為是好的東西，我可能認為是壞的，誰都無法說服對方，人生意義的問題早已失落被遺忘，越來越多人慨歎生活空虛，人生沒有意義。由於大家都追逐物質，於是「錢」和「權」成為了現代人不得不參與的競爭遊戲，取代了過去真、善、美、聖的追求。

（二）工具理性主導——由於世界再沒有客觀價值與目的可言，理性的功能不再在於探究宇宙人生的重大意義，反倒只是人類追求其主觀價值的工具，只是用來評斷達到目的的工具或手段的效率如何而已，考慮的只是效率（Efficiency）和可計算性（Calculability）。這一方面扭曲了現代人的價值觀，以為人際關係（從家庭開始）、社會，甚或國家只是個人追求滿足欲望的工具，使個人主義和工具理性觀一拍即合。

（三）喪失自由——現代文明走向極端，物質、金錢和權力成了人們唯一追求的價值，這是對人類存在的一種極大的扭曲。在資本主義的社會中，經濟活動的地位提高到超出所有人類活動之上，別的活動都變為附屬性的，市場經濟制度所造成的貧富懸殊是世人有目共睹的。

要解決以上問題，現代的企業領袖的確因為其特殊的條件，而必須肩負起特殊的使命。其實不單是企業，亦不必是領導者，我願所有從事行政、教育、醫護、社會福利等等的人員，都能從這本書上獲益，身體力行。誠如榮休教宗本篤十六世在其《在真理中實踐愛德》通諭所說的：「企業的運作不能只關注企業主人的利益，也該關注所有其他對企業有貢獻的人的利益，包括個人，顧客，供應生產材料者，有關的鄰社等」（40）。

香港明愛專上學院校長

麥建華博士

2018 年中文版譯本序言

企業領袖作爲改革大衆福祉的推手

凡論及商業道德和企業社會責任（CSR）的演說，經常會像表演魔術把戲中的靈巧手法一樣，每每把觀眾的注意力從日常商業的苦澀真相引開：腐敗的領導方式依然看似最為吸引；忠實及誠信的正面價值看似完全被不變而陳舊的企業領袖戰嚎侵蝕，他們各自盤踞在地盤內肆意掠奪短線利潤。因此，對 CSR 的呼籲輕易被視為空洞的巧言令色，就像一塊無花果葉掩飾着世界的輾轉沉淪（因疫情大流行而加速），富人與窮人間的撕裂則日益嚴重。

目前這篇由梵蒂岡頒布的《商業領袖的核心領導力》修訂版，內容是根據一個持續不斷的過程——務求將天主教社會訓導的主要原則運用在社會各層面，特別是商界。在探討這些原則時，文章提到對「大眾福祉」的關注，同時也指示如何能夠在「信仰」中堅持對「公義」的熱忱。此外，文章亦強調即使在競爭多麼激烈、甚至腐敗的營商環境中，基於「上下互補」原則的公民社會性決策程序，是能夠促成與弱勢社群的「團結互助」的。

在此新版中文譯本中，耶穌會士狄恆神父（1927-2018）——一位擁有超過五十年經驗、服務香港及海外的出色教育家——本着亞洲儒家傳統精粹，曾經極力提出一個主張，以應付一項「全球化下現代世界的最重大需求」，即盼望出現一個優秀企業領袖典範——可以啟發更高水平的商業道德模範行為。狄恆神父十分清楚亦極為失望的是，某些商界人士對「商業道德」的口是心非態度，他們本來就具備所有足以抵禦那種無法忍受的不公義情況、以及真正尊重大眾福祉的資源。

道德價值，刻不容緩；為了加強公眾這方面的意識，除了一篇精簡撮要外（列舉了商業領袖在履行企業暨社會責任時的主要觀察），本修訂版還加入了數篇發人深省的文章，作者為工商管理學者，他們不但經常接觸商界領袖，而且還熟知商界領袖在極端困境中為遵從法律和道德的掙扎。

翟博思（Henri-Claude de Bettignies）——任教於著名的歐洲工商管理學院（INSEAD）——一向站在商業管理突破性研究的最前線。他認為，在管控企業內的變動時，企業領袖為大眾福祉尋求公義的責任感至關重要。企業領袖必須以身作則表現出忠實及誠信，也必須「言行一致」，以行動引發信任並建立一個共同願景，尤其是在危機重重之際。地球的所有財貨本來就是為全人類而設和共享，這事實正正顯示在歐辛吉斯（Eleanor O'Higgins）和拉茨羅·索而奈（László Zsolnai）二人所稱的模範「先進」社企具體例子上，他們首推生態可持續、尊重未來及親社會的企業，當中包括：特里多斯銀行（Triodos Bank）、意利咖啡（illy café）、DKV Integralia、Lumituuli、約翰路易斯合伙公司（John Lewis Partnership）和聯合利華（Unilever）等等。這些例子還證明了先進企業是從上層領導的，不僅在企業成立初期，而且在企業起步後需要維持先進的勢頭上，這種領導方式顯然是絕對必要的。

初版中文譯本《企業界的使命》是「光啟出版社」於 2015 年出版的。因應最新英文版本面世翻譯而成的中文譯本，主要是為了方便習慣閱讀繁體字的廣大讀者。謹希望越來越多遍布亞洲的企業領袖們意識到自己的確身懷潛力，能成為一股主要力量，為刻不容緩的社會改革——建基於健全企業發展及法治——作出貢獻。

澳門利氏學社社長
澳門聖若瑟大學
商學及法律學院
副研究教授
耶穌會士
羅世範神父

Business Leaders becoming Drivers for Change toward the Common Good

Discussions of Business Ethics and talks on Corporate Social Responsibility (CSR) often seem like a magic trick, a sleight of hand meant to draw away attention from a bitter truth about business as usual: Corrupt forms of leadership still seem to be most attractive, sound values of honesty and integrity seem thoroughly eroded under the same old-fashioned battle cry of business leaders eager to grab short term profits for their different fiefdoms. Calls for CSR are therefore easily dismissed as empty rhetoric, a kind of fig leaf masking the downward spiral of a world, accelerated by the pandemic, in which the rich and the poor are increasingly divided.

The present revised text of the Vatican document on *"The Vocation of the Business Leader"* is based on an ongoing process seeking to implement the key principles of Catholic Social Teaching within different layers of societies, especially among business people. The principles explored in this document include an orientation to the common good, showing how a passion for Justice can be sustained in Faith, highlighting how Solidarity with the disadvantaged can be fostered through a communitarian decision-making process under the principle of Subsidiarity, even in a business environment that is highly competitive, if not actually corrupt.

In the preface to this new Chinese translation, in line with insights from the Asian Confucian tradition, Fr. Alfred Deignan S.J. (1927-2018), a magnificent educator in Hong Kong and beyond for more than 50 years, makes a passionate case to address one of the "greatest needs in the modern world of globalization," namely to envision the ideal of a good business leader who can inspire a higher level of morally exemplary behaviour in business. Fr. Deignan was indeed very much aware and deeply disappointed by how much empty lip service is paid even to Business Ethics by business people who would have all the means to fight against intolerable situations of injustice and showing genuine respect for the common good.

In order to enhance greater awareness of the urgent need for moral values, not only through a crisp summary of key practical insights into the responsibilities of business leaders related to business and society, this revised edition includes also some provocative articles from scholars of management and business education who have been in close contact with business leaders and their struggles in complying with the law and ethics in most difficult circumstances.

Henri-Claude de Bettignies from the prestigious INSEAD business school has been in the forefront of ground-breaking research on management change. He argues that for managing change in institutions, the leader's sense of responsibility to seek justice for the common good is absolutely crucial. The leader must exemplify high values of honesty and integrity and so must truly "walk the talk" in order to inspire trust and to build a shared vision, especially in times of crises. That the goods of this earth are meant for the whole of humanity and can actually be shared resonates also strongly in the concrete examples of exemplary "progressive" social firms described by leading business ethicists, Eleanor O'Higgins and László Zsolnai. Their selection of ecologically sustainable, future-respecting and pro-social enterprises includes Triodos Bank, illy café, DKV Integralia, Lumituuli, John Lewis Partnership, and Unilever. These examples give further evidence that progressive companies are led from the top. Such leadership appears to be essential, not only for creating the enterprise in the first place, but also for sustaining progressive momentum once the firm is well launched.

The first edition of the Chinese version of The Vocation of the Business Leader, was published in 2015 by Guangqi Press, Shanghai (3rd edition). With the publication of the most recent English version in September 2018, this new translation is meant for a large audience more used reading traditional Chinese characters. There is hope that an increasing number of business leaders all over Asia will realise that they do have the potential to become a major force contributing to a much-needed societal change based on the development of solid institutions and the rule of law.

Stephan Rothlin SJ
Director, Macau Ricci Institute
Associate Research Professor,
University of Saint Joseph (Macao)

2018 年英文版譯本序言

基督徒應按各自使命實踐愛德責任

本書是 2010 至 2011 年間多次會議的結晶，該批會議受榮休教宗本篤十六世《在真理中實踐愛德》通諭的啟發而召開，出席機構除了前「宗座正義與和平委員會」（Pontifical Council for Justice and Peace, PCJP）外，其他合作機構包括「聖多瑪斯大學天主教研究中心——天主教社會思想若望萊恩學院」（John A. Ryan Institute For Catholic Social Thought）、「埃科斐洛斯基金會」（Ecophilos Foundation）、「洛杉磯天主教高等研究所」（Institute for Advanced Catholic Studies of Los Angeles）、以及「公教企業管理人員協會國際聯盟」（The International Union of Christian Business Executives Associations, UNIAPAC）。支撐着每一位與會成員的努力付出——包括商界人士、大學教授、教會社會訓導專家——正是教會的一個堅定信念：「每位基督徒按各自的使命及在社會上的影響力，應實踐這方面的愛德責任」（《在真理中實踐愛德》通諭，7）。

經大家集思廣益，最終衍生了《商業領袖的核心領導力》一書，可讓商界人士作為指導手冊（*vade-mecum*）之用。事實上，教師也可以採用這本指導手冊在學校及大專院校作培育和教學。本書旨在說明商界人士的「使命」，而這些人士所任職的商業機構可謂包羅萬有：合作社、跨國企業、家族企業、社會企業、牟利 / 非牟利合營企業……等等。除此之外，本書也欲說明在全球通訊、短線金融炒賣、深遠文化與科技轉變的環境下，商業世界為業界提供的挑戰與機遇。

本書呼籲商界領袖們在涉足當今經濟領域及金融世界時，應考慮*人性尊嚴*原則及*公益原則*。為此，這反省之書為企業領袖、機構成員、不同持分者提供一套*實踐原則*，以指引他們如何為公益作出貢獻。這些原則包括：憑藉*真正優良*的商品及*真正優質*的服務，以*滿足世人的需求*；同時秉持*團結關懷*的精神，絕不忽視貧苦大眾和弱勢社群的需要；亦不忘以*尊重人性尊嚴*的方法*組織企業內的工作*。此外，還有*上下輔助*原則——為被視為「合夥人」的僱員培養主動性、擴展專長；最後，為不同持分者履行*可持續創造財富*及*公正分配*兩項原則。這新版本[1]收錄了教宗方濟各特別提及關於企業的一些教導，尤其是他在《願你受讚頌》中所提出的。雖然教宗承認商業活動是崇高的職業使命，惟不擇手段但求個人或企業利益的歪理卻令他擔憂。教宗明白天然資源不只具功利功能，因此他號召商人去發掘天主為萬物所創造的內在價值；他號召商人對待每一個人為「不容貶低的主體」；他號召商人創造職位以作為「他們公益貢獻的主要一環」。透過這些行動，企業領袖便能夠延續天主的受造界，誠心誠意地事奉祂。[2]教宗的着急、先知的口吻有時候聽來出奇的嚴厲，但這正代表了他向眾人的呼籲：在個人層面、企業層面、團體層面的不斷皈依——永遠不斷更圓滿地整合身為人類的所有面向。

當下世界經濟正陷入艱難時刻，許多企業領袖正承受着經濟危機的後果，以致企業收入大幅萎縮、生存前景岌岌可危、大量職位朝不保夕。然而，教會依然滿懷希望，她相信作為基督徒的企業領袖——儘管目前前景一片*暗淡*——將會恢復信心、激起希望、繼續燃點信德

1 本人衷心感謝多位人士，他們爲這篇文章出貢獻自己的智慧、技巧和精力。《企業領袖的使命》（Vocation of the Business Leader）原版統籌：名單見英文版本。
本版本統籌：名單見英文版本。
本版本及過去版本有份貢獻之人士：名單見英文版本。
協助校對及製作個別版本之人士：名單見英文版本。

2 方濟各《願祢受讚頌》通諭（2015），81，129。

之光，以驅動他們每天繼續追求聖善。的確，我們不該忘記基督宗教信仰，不僅是信徒心中燃燒的光，更是人類歷史的推進力。

聖座促進人類整體發展部部長

圖爾克森樞機（Peter K.A.Turkson）

導讀

當企業和市場經濟運作正常，並專注事奉公益時，便能對社會的物質層面，以至靈性福祉層面作出極大貢獻。不過，近期發生的事件卻顯示企業和市場的缺點對社會所造成的傷害。我們這個時代各種影響深遠的發展，包括全球化、通訊及電腦科技發展、經濟金融化等，除帶來好處外，同時亦衍生了不少問題，如社會不平等、經濟錯配、資訊超載、生態破壞、金融動盪，以及其他許多阻礙事奉公益的壓力。雖然如此，企業領袖——服膺道德社會原則、以身作則、被光照基督徒的《福音》啟迪——必能力挽狂瀾、繼續為公益作貢獻。

阻礙事奉公益的因素林林總總——貪污腐敗、法治不彰、貪婪成性、資源管理不善等，但在企業領袖的個人層面，最嚴重的障礙則是過着「*分裂生活*」(Divided Life)。如此信仰與日常商業行為之間的分歧，會使人不知所措，以及對俗世成功痴心錯許。另一方面，企業領袖若然以信仰為本的「僕人式領導」另闢蹊徑，必能拓展自己的視野，並有助在商界的要求及被光照基督徒的《福音》啟迪的道德社會原則兩者間找到平衡。這平衡可以從三個階段去探索：*觀察*、*判斷*、*行動*，儘管這三方面明顯地彼此息息相關。

觀察：商界面對的挑戰與機遇，常常因各種好壞參半的因素而變得複雜，包括五個影響企業的主要「時代徵兆」。

- **全球化**雖然為企業帶來了效率和非凡的嶄新機遇，但也附帶着弊病，例如：惡化的社會不平等、經濟錯配、文化霸權、以及政府未能適當監管資金流動。
- **通訊及電腦科技**的發展為連接性、新解決方案及新產品、降低成本提供了條件，但帶來的驚人速度也導致資訊超載和草率決策。
- 環球商業**金融化**加劇了工作目標的商品化、過分強調財富極大化、過分強調短線利潤，而忽略了為公益出力。
- **環保覺醒**提高了商界對保護生態意識，但它內部依然存在日趨嚴重的消費主義及「丟棄文化」，兩者皆對大自然及人性層面構成破壞。
- 我們這時代的**文化轉變**帶來了更嚴重的個人主義、更多的破碎家庭、利慾薰心、只懂問「這對我有何益處？」，結果我們的財物增多了，但公益卻嚴重不足。企業領袖越來越注重財富極大化，僱員則養成特權心態，而消費者亦追求從最低廉價錢獲取即時滿足。當眾人的價值觀變得越來越相對性，權利比義務來得更重要時，公益貢獻的目標往往便消失殆盡。

判斷：良好的商業決策一般是建基於基礎層次的原則之上，比方尊重人性尊嚴、事奉公益、以及把企業視作由眾人組成之團體的願景。從實踐方向考慮的原則，能夠指導商業領袖採取以下行動：

- 生產能夠滿足真正人性需求的商品及服務，同時負起責任去顧及生產過程、供應鏈及分銷渠道的社會成本和環境成本，並留意任何服務窮人的機會；
- 尊重員工的尊嚴、承認員工在勞動中發揮所長的權利和義務（工作役於人，而非人役於工作），在這背景下組織有實效和有意義的工作，同時以上下輔助精神構建工作場所、裝備員工、信任員工，並讓員工把最好的表現發揮出來；
- 明智地運用資源，以創造利潤和福祉，製造可持續財富，並公平地分配（向員工支付公平的工資、向顧客和供應商提供公平的價錢、繳納公平的稅款、予股東公平的回報）。

行動：當商業領袖的使命是由高於金錢成就層次的因素所推動時，他們便能把自己的志向付諸實行。當他們把靈修生活的恩寵、德行、道德社會原則整合到自己的生活和工作時，便能擺脫「分裂生活」、領受恩寵，去促成所有企業持份者的整全發展。教會號召企業領袖去*領受*——謙遜地承認天主為他們所做的一切，同時*交付*——與他人攜手共融合作，將世界變得更美好。*實踐智慧*貫穿商業領袖的營商手法、堅強他們無懼無慮，但憑信、望、愛超性之德去迎接世界的挑戰。本書旨在鼓勵和啟發企業領袖及其他企業持分者，*觀察*工作中的挑戰與機遇；為光照基督徒的《福音》啟發的道德社會原則下，*判斷*那些挑戰與機遇；以領袖身分採取*行動*來事奉天主。

引言

① 耶穌在《福音》中對我們說：「給誰的多，向誰要的也多；交託誰的多，向誰索取也格外多。」（路 12:48）商人領受了豐富的資源後，上主便要求他們作美好的事情，這正是他們使命的一個面向。單在本世紀初，許多企業已經帶來了驚人的創新，有治病的、也有透過科技把人與人拉近的，並且用無數的方法創造了繁榮。但很不幸，本世紀也出現了金融醜聞、嚴重的經濟動盪、變本加厲的社會不平、生態破壞、以及社會大眾普遍對商業機構和自由市場制度失去信任等。對基督徒商業領袖而言，此刻正正需要信德的見證，望德的信心，及愛德的實踐。

② 當企業和市場總體上運作良好，配合合理及有效的監管時，兩者對人類在物質層面上，甚至在靈性福祉上，均可作出無可取代的貢獻。當商業活動是公平、有效、可持續地進行時，客戶便能以公平的價錢購買商品及服務；僱員從事良好的工作、為自己和家人賺取生計；投資者能賺取合理的回報；天然資源和生態環境也得到悉心照料。社會的公共資源被善用、環境被保護、整體公益被尊重。

③ 當企業經營有道時，其商業行為將可提升員工尊嚴，同時培養品德，例如團結精神、實踐智慧、正義感、勤奮、管理精神……等等。正如家庭是社會第一所學校，企業也像其他許多社會機構一樣，不斷培育人們的品德，尤其是那些剛離開家庭和校園、初出茅廬踏入社會去尋找自己定位的青年男女。那些來自社會弱勢社群和飽受社會排斥的人，也可以在這些企業中找到立足點。不僅如此，企業還能推動不同國籍人士之間的良性相互依賴，在互惠互利下彼此互動，企業將因而成為接觸不同文化的載體、和平及繁榮的推動者！

④ 這一切潛在的益處，激起了教會對企業的熱切關注。企業可大大改善民生，亦可構成真正禍害，關鍵是企業如何抉擇。最理想當然是，企業能夠自由地選擇尋求公益，可是缺乏真理的自由卻會引起失序、不公義及社會撕裂。因此，自由應被理解為「做應該做的事」，而非胡作非為的通行證，這點很重要。倘若企業缺乏高尚情操的領導和指導性原則，它們便會淪為權宜驅逐公義、權力腐蝕智慧、科技取代尊嚴、私利排斥公益的場所。

⑤ 至於那些深感被天主召叫，在創世工程中合作的基督徒商業領袖，我們特別希望與他們對話。這些企業領袖懂得在適當時候引用天主教社會傳承，因此在日常公事中，促成和推廣道德社會原則上，他們的角色非常吃重。我們也想與所有能夠影響企業成員行為、價值觀和態度、心地善良的企業領袖對話。領袖不只是胸口掛着職銜的人，其實也包括那些有能力影響他人向善的人，上至行政總裁及董事、下至部門總管，以至具有非正式影響力的人，總之不同類型的企業領袖，在為眾人塑造經濟生活、創造條件讓人在機構內全面發展上，他們的角色非常關鍵。這些機構的類型不盡相同，有合作社、跨國企業、小型初創企業、員工持股

企業、家族企業、社會企業、合伙企業、獨資企業、公私營合作企業及牟利／非牟利合營企業，其中有些是上市公司，而大部分則屬於私人持有。部分企業坐擁的龐大收入超過許多國家；但大多數為小型企業。有些由數以千計的投資者持有，有些則屬於個人或單一家族擁有。有的是法定牟利實體，有的則被冠以嶄新的法律地位——稱之為「社企」。企業是一個多元體制，正如榮休教宗本篤十六世曾指出，教會願意與所有類形的企業對話。[3]

⑥ 商人的使命是召喚人類和基督徒的真誠。教宗方濟各稱這為「經商是一種召叫，且是高貴的召叫，只要從商的人洞悉生命中有更高尚的意義在挑戰自己，這能驅使他們真正地以公益為重，從事服務，努力增加世界的物資，並使物資能流通到所有人」。[4] 在教會生活和世界經濟中，商人的重要性不容低估。企業領袖被號

---

3 參閱本篤十六世《在真理中實踐愛德》通諭（2009），38，40。也參閱教宗方濟各接見意大利合作社聯盟代表（梵蒂岡，2015.2.28）。

4 方濟各《福音的喜樂》宗座勸諭（2013），203。

召，通過市場經濟模式，去為顧客與團體構思和研發商品及服務。在促進公益方面，此種經濟體系需堅守對以下價值的尊重：真理、信守承諾、人性尊嚴、自由、創意、財貨的普世目的——即天主的受造界是所有人的恩賜。

Vocation of the Business Leader

第一章

觀察

企業良心的試煉

企業領袖的使命與壓力

⑦ 企業領袖在受造界展開中的角色特殊，他們不僅憑創新和應用科技去提供商品及服務，並不斷改進，而且還協助塑造一個能夠延續這方面努力的組織。聖若望保祿二世在《論人的工作》通諭中提醒我們：「依天主的肖像受造的人，*因他的工作而分享造物主的行動*，而且在他能力的範圍內，人多少繼續在發展這種行動，因着他逐漸發現整個造物中的資源和價值，使這行動更趨完美。」[5] 不過，我們千萬別過猶不及，正如教宗方濟各在《願祢受讚頌》裏提醒：「當我們不再承認有甚麼可以超越我們；當我們眼中只有自己，並無其他」，我們可會造成傷害。[6]

⑧ 建立一個具經濟效益的組織，是商人合作開展受造界的基本方式。當商人意識到管理企業原來是參與着造物主的工程時，他們方發現自己的使命原來是那麼偉大，同時責任那麼重大。

5 若望保祿二世《論人的工作》通諭（1981），25。

6 《願祢受讚頌》通諭，6。

⑨ 在任何社會裏，企業肯定有潛力成為積福行善的一股力量，而且許多企業確已履行了他們許下的道德及經濟承諾。然而，企業在發揮這潛力時，可能遇到不少障礙。有些障礙是外在的，例如缺乏法律或國際監管；貪污猖獗、毀滅性競爭、裙帶資本主義、不適當的國家干預，或敵視不同形式的企業精神文化。應付這種外在障礙，企業領袖的影響力頗為有限，但對於企業內部的失誤，他們則難辭其咎，譬如輕視企業無非是一件「商品」；員工只是「資源」，而忽視他們的人際關係及成長；抗拒政府對市場監管的適當角色；靠非真正良好的商品或非真正優質的服務騙財；或以毀滅性的方式開發自然資源。

⑩ 在個人層面上，企業領袖的主要障礙還是「*分裂生活*」，或如梵二大公會議所指「信仰與日常生活的分割」，這分割「要算我們這時代嚴重的錯誤之一」。[7] 把信仰本分從職業責任劃分出來，是一個基本錯誤，這錯誤對當今世上的企業造成許多破壞，其中包括超時工作而犧牲家庭生活或靈修生活；過度戀棧權位而埋沒良知；濫用經濟權力為謀取更大經濟利益。對此教會依然牢記耶穌親口說的話：「沒有人能事奉兩個主人：他或是要恨這一個而愛那一個；或是依附這一個而輕忽那一個。你們不能事奉天主而又事奉錢財。」（瑪 6:24）凡不承認自己在職業生活中事奉他人及天主的企業領袖，他們必然會以次等價值的代替品去填滿人生目標的空虛 。「分裂生活」既不一致、又不完整，它基本上混亂無序，因而辜負了天主的使命。

⑪ 如此劃分生活終歸會導致「拜偶像」，這是商業生活中平常不過的職業病，既不利個人，也不利機構。「拜偶像」意味人拒絕了

---

7 梵二大公會議文獻《論教會在現代世界牧職憲章》（1965），43。

Klaus Pichler (www.pichlerphoto.ch) 攝

慈愛造物主的邀請與祂建立關係，猶如以色列民在西乃山下膜拜自己所鑄造的金牛一樣。金牛是*癡心錯許*的標記，它源於錯誤理解「成功」的意義。[8] 現代生活中，存在許多金牛的替身，它們出現在當人「以最大利潤為行動唯一標準」的時候[9]、當科技研究只是為研究而研究的時候、當個人財富或政治權勢不能事奉公益的時候、或者當我們只懂欣賞受造物的功用而忽視他們之尊嚴的時候。[10] 這些「金牛」，每一頭都有如某種自我合理化的痴迷。正如榮休教宗本篤十六世在他的《在真理中實踐愛德》通諭中所言，每一頭金牛都有能力「陶醉」我們[11]，因此企業領袖需小心謹慎避開拜偶像的誘惑。

⑫ 面對種種壓力，企業領袖可能會忘記了日常職業活動中的福音使命。壓力也許會誘使他們誤信自己的職業生活與靈修生活是格格不入的，或者傾向過分聚焦物質或俗世成功。當這情況出現，企

8 《申命紀》5:6-8：「我是上主，你的天主，我曾領你離開埃及地、那爲奴之家，除我之外，你不可有別的神。 你不可爲自己雕刻偶像，或製造任何上天下地，或地下水中所有各物的形象。」

9 《在眞理中實踐愛德》,71。

10 「既然世界已賜予我們，我們不可再從純功利的角度去看事物，將效率和生產力完全調節至符合個人利益。世代之間的精誠團結不是一項選擇，而是基本的公義問題，因爲我們領受的世界，也屬於我們的後代。」(《願祢受讚頌》，159)。

11 「沒有信仰而陶醉於科技運作的理性，一定會糊塗到想人是全能；信仰不理睬理性，也會和人們的具體生活脫節」(本篤十六世《在眞理中實踐愛德》通諭，74)。

業領袖便會犯上將名譽地位放置在千秋大業之上的毛病，以致影響了自己的判斷力。企業領袖也許受到私心、驕傲、貪婪或焦慮的誘惑，把企業的初衷縮窄至只剩下利潤極大化、市場份額擴張，或其它純粹物質的財貨。[12] 在這情況下，市場經濟可為個人和社會所行的善，最終只會萎縮或變質。

⑬ 唯有整合生活（即職業生活與靈修生活協調）的企業領袖，才能夠以「僕人態度」來回應使命的嚴格要求，重演耶穌為門徒洗腳的故事。「僕人態度」的領導方式，有別於商業機構內司空見慣的專制行使權力方式。「僕人態度」能夠突顯出基督徒行政人員，及他們打算營造的工作環境之與別不同。當企業領袖以這態度活出企業責任時——培養良好的僕人領導方式，他們便能自由地貢獻自己的專長和能力。如此象徵性地替合作者洗腳時，企業領袖便能更圓滿地回應自己的崇高使命。

⑭ 企業領袖使命重要的一環，就是要在商業世界運籌帷幄，同時也奉行道德社會原則，這運作需要清楚觀察形勢，按照有利人性全面發展的原則判斷，因應個別情況及基督宗教信仰的訓導，貫徹這些原則，然後付諸行動。本書餘下部分將依此次序鋪排：*觀察*、*判斷*、*行動*。[13]

---

12 參閱《願祢受讚頌》，109。

13 「觀察／判斷／行動」方法的框架是「公教青年工人運動」創辦人、比利時籍賈迪恩樞機（1882-1967）構思的。這框架背後的思想可追溯至聖多瑪斯對「智德（Prudence）」的論述，教會的社會教理也有教授這套方法（可參閱教宗若望二十三世，《慈母與導師》通諭（1961），236）；宗座正義和平委員會，《教會社會訓導彙編》，547）。

五大時代趨勢的試煉

⑮ 企業領袖所面對的世界，充斥錯綜複雜的因素。為了認清這些因素，我們應該按梵二文獻《論教會在現代世界牧職憲章》的指示，「一面檢討時代局勢，一面在福音神光下，替人類解釋真理」，[14] 當中局勢會限制企業領袖的行為，堵塞創意渠道，妨礙他們行善。另一方面，有些因素卻為企業董事、行政人員和企業家創造事奉公益的新機遇，讓全新團結的群體融入我們的社會、政治及經濟生活。因而環顧世界，可見處處充滿複雜交錯的光明與黑暗、善良與邪惡、真理與謊言、機遇與威脅。

14 《論教會在現代世界牧職憲章》，4。

⑯ 基督徒企業領袖應有能力去*觀*察世界，從而*判斷*它，宣揚它的真理與美善，促進公益，對抗邪惡與謊言。本書之「*判斷*」部分將有助這方面的評估。第一部分是一個簡短撮要，目的是提出一些影響今天商業活動的主要因素，可行的話，也想從企業領袖的角度，闡明那些因素的利弊，以及取決於與環境相關的觀點。

⑰ 在芸芸眾多影響本地及環球企業的複雜因素中，其中五項特別值得一提，因為它們在過去四分一世紀徹底改變了企業的格局。首四項因素彼此息息相關：（一）全球化、（二）先進的通訊及電腦科技、（三）經濟金融化、（四）變化中的自然環境，至於第五項因素（五）文化轉變——尤其是「個人主義」的挑戰、加上連帶的「相對主義」和「功利主義」思想——要算是基督徒企業領袖面對的最大危機。當然，影響今天企業還有許多其他因素值得分析，不過為了簡化起見，我們只挑這五項來探討。

全球化的挑戰

Klaus Pichler (www.pichlerphoto.ch) 攝

⑱ **全球化**：全球經濟單一秩序的崛起，是我們這時代的顯著特徵。「全球化」一詞是指隨着產出與投入（特別是勞動力及資本）兩者在環球持續流動及增長的過程，隨之以來是不斷擴大的社交互聯網絡。隨着冷戰結束及許多新興市場開放，企業可涉足的市場大幅擴展。這現象既製造了新機遇，也帶來了新威脅。所有從前被世界經濟體系拒諸門外的人，現在也可以參與其中並從中得益，以更高的效率，為更多人製造更多可負擔的商品及服務。

不過，教宗方濟各特意指出兩點需要特別關注：

- 第一點針對*嚴重不公*。當全球產貨量飆升，赤貧亦同時顯著減少時，在一些國家內部及國與國之間，竟出現持續收入與財富嚴重不公。例如，容許貨物，甚至單一貨幣自由流動的地區經濟區域，它們固然支持貿易及鼓勵創新，可是這些經濟區域卻不一定容許勞動人口有相同的流動自由去找工作。教宗方濟各曾猛烈批評這種排他性及不公平的經濟體，也公開譴責「冷漠全球化」；身為企業領袖，基督徒商人明白「觀察」及留意自己企業的現況很重要，同樣重要的是，他們的使命也要求他們留意被企業影響之人的現況，或完全被經濟成果冷落之人的現況。教宗方濟各呼籲企業領袖去接觸那些遭受不公平對待的人，這種接觸不但可防止領袖們的良心變得麻木，還可使他們更有效地運用自由與創意去事奉公益。[15]

- 正如聖若望保祿在《關懷社會事務》通諭中提及，教宗方濟各也談及*文化面對的威脅*。據他解釋：「對許多國家而言，全球化導致本土文化根基的損害加速。此外，由於仿效其他文化的思維和作風，而受到一些重經濟、輕道義的潮流所入侵。」[16] 依照天主教傳承，文化是人類透過身體及靈性本質發展和改進出來的一切，人人皆可在特定的文化內找到自己的生命意義（參見《論教會在現代世界牧職憲章》，53）。多元本地文化塑造了多元的人類家庭，可惜多元文化的瑰寶很多時卻遭受一個樂於強推「劃一」的全球化文化所威脅，以致人民被迫拋棄自己的文化傳統。教宗方濟各認為「文化的消失與動植物物種的消失相比，同樣嚴重，甚至於更嚴重。」[17] 當市場造就了不同文化

---

15 《願祢受讚頌》通諭，48，49，108。

16 教宗方濟各《福音的喜樂》宗座勸諭（2013），54，62。也參閱本篤十六世：「不斷全球化的社會使人變得更接近，但是卻沒有使我們成爲兄弟。」（《在眞理中實踐愛德》，19）。

17 《願祢受讚頌》通諭，145。

更頻密彼此交流之同時，標準化產品的全球行銷，加上超激烈的市場競爭，結果導致文化霸權的出現，及文化多元的消失。

⑲ 以上轉變帶來一個事實：企業在外國投資獲利，但對於當地的國民，這些*資本或傾向逃避社會責任*，[18] 這情況就猶如擁有經濟實力，亦即享治外法權地位一樣。對於當地任何有利可圖的商機，一眾公司伺機而動，完全無視本地政府。如是者「全球化」改變了民族國家的經濟基礎和政治體制，也削弱了這些國家的自由度。一般民族國家的政經措施，只能在清楚劃定的疆界內施行，但跨國企業反而可以選擇在某國家產貨，在另一國家繳稅，再向第三國申領援助和政府津貼。在這個越趨全球化的經濟新環境下，企業已變得比從前更具影響力，結果也擁有行大善或作大惡的潛能。

18 《在眞理中實踐愛德》，24，40。

資訊科技時代的高速考驗

⑳ **通訊及電腦科技：**互聯網及迅速分析大量資料的新興功能引發通訊科技革命，為企業管理帶來了重大影響，有正面的，也有負面的。正面影響是，網上合作研發出新產品及解決老問題的方案。大眾負擔得起連線至環球各地，因此為窮人製造融入就業市場的新途徑。新興的商業模式混合了合作與競爭，以這獨特方式應付從前照顧不足或根本未曾滿足的市場需求。消費者與持份者團體被賦權向跨國企業施壓，挑出他們在各項議題上的不當行為——從人權至環境保護。這類積極行動可使負責任的企業減低罰款成本，同時也有效迫使其他企業競相效法。

㉑ 至於負面影響，我們正身處追求即時滿足、資訊過剩的世界。在這樣的世界裏，眾所周知「緊迫性凌駕於重要性」。當即時通訊

搶佔了我們的眼球，每一條消息都變成為當務之急。無論問題多複雜，我們似乎再沒有時間去仔細分析，及作深思熟慮的決定。越來越多決定，即使是重要的，也是在缺乏周詳考慮及沒有足夠公開資訊的情況下拍板。教宗方濟各警告我們不要向他所提及過的「技術官僚心態」屈服，這種心態只會哄騙我們，使我們幻想自己「能力所及，事在必行」。當科技成為解決問題的重要元素時，技術官僚心態便會取代及攆掉我們人性的最深幅度：德行、默觀及關係。我們只會淪為資訊的瀏覽者，而非探索智慧的深海蛙人。有些科技公司的負責人承認，若然科技是為人類服務，科技的智慧明顯不足以滿足人類的需要。梵二半世紀前發出的警告依然成立：「我們這時代比以往更需要智慧，使人類所有新的發明。為人服務。如不培育出擁有智慧的人才，則世界未來命運便要危殆。」[19] 世界需要有智慧的商業領袖——有能力作符合信仰的決策、抗拒技術官僚心態，取而代之調度自己的創意及財富，為所有人創造更多財富，及照顧我們的共同家園。[20]

19《論教會在現代世界》牧職憲章，15。

20《願祢受讚頌》，106，108。

經濟金融化的負面浪潮

㉒ 經濟金融化：全球化連同它的龐大市場與可觀收入，加上先進通訊與電腦科技，把金融業捧成商界中的天之驕子。「金融化」這詞描述的是，生產型資本主義經濟，已轉型成為金融型資本主義經濟。金融業的收入及利潤在全球經濟中所佔的比重越來越大。金融板塊內的機構、投資工具及經營動機，正嚴重地影響商業的運作及思維。正值始於 2007-2008 年之金融風暴，引起了外界猛烈批評金融化的惡果之際，金融業卻依然故我，向數以百萬計的老百姓大開信貸方便之門，縱容他們繼續消費和產貨；改用衍生工具去分散風險；通過財技以槓桿方法推高資本回報等等。與此同時，金融業亦成立了「社會責任基金」、或稱「良心基金」，讓投資者把自己的價值觀套用於支持或拒絕某類行業或企業。在金融危機中，這類基金依然能夠錄得理想的成績，它們代表着一

個重要、高增長，而且仍有發展空間的趨勢。《在真理中實踐愛德》通諭特別指這類「良心投資」理應是一個標準：「我們還該設法——這點也極其重要——不只令部份財經和金融界本着『良心』做事，而且要令整個財經和金融界，都要本着良心做事，且不只因所冠以外來的標籤，而是由於滿全了其本質上的固有要求」。[21]

㉓ 儘管金融業內不乏正面發展，金融化仍在破壞實體經濟。[22] 事實上，金融化製造了各式各樣的負面潮流和影響。我們在此只討論其中兩項——「商品化」及「短視心態」。金融化試圖把企業徹底「商品化」，把這類人類事業的意義貶低殆盡至只是一個價格而已。值得注意的是，因為金融業把營商目標等同了股東的財富極大化，結果造就了這「*商品化*」潮流，股東價值竟然變相成為評估商業領袖表現與身價的唯一尺度！在目前的大氣候下，「股東財富極大化」的訴求依然獨當一面，並且是不少商學院教授的主要理論。「股東財富極大化」可合理化企業利用大數據分析去操縱市場，及擴張工商業在日常生活中的橫行霸道。「股東財富極大化」可合理化尋租行為（即 Rent-Seeking，指個別人士試圖通過自身影響力，謀求個人利益）——賺錢卻沒有增加實質價值；更為普遍的是，「股東財富極大化」滋生了*短視*心態，在此心態下，企業領袖被引誘只着眼短期表現，低估承擔過度風險交易及投資策略失敗的後果。能夠在相對短時間內獲取巨大財富的機會，難怪會成為失調行為的誘因。榮休教宗本篤十六世發覺這危機後提出：「一個較大的危機是企業只顧及投資者的利益，那末它對社會的作用就會減少了，……現在企業越來越不能靠一

---

21 《在眞理中實踐愛德》，45。

22 《願祢受讚頌》，109。

個企業家長期對企業的持續及成果負責，而且不只局限於一個地區……」。[23] 因此，我們很高興見證商業世界中，已經開始出現越來越多關於環境、社會及商業「可持續性」的討論。

---

23 《在真理中實踐愛德》，40。

環保與消費主義的角力

㉔ **環境醒覺**：商界的生態意識日見提升，他們越來越了解生產過程及消費對自然環境造成的影響。許多企業正尋找評估商品及服務生命周期的方法，希望能夠解決生產過程及消費對生態系統、未來世代，尤其對窮人構成的負面影響。企業開始採用方便重複再用的原材料，把貨品設計成可循環再造產品（減少使用、物盡其用、循環再造），他們還使用可再生能源，更節能的製冷及供暖系統，以減少能源消耗和二氧化碳排放，務求令企業的建築物和廠房達到「脫碳」效果。若要促進企業的可持續發展，開發減少污染的先進技術，及使用可再生能源是必要的。此外，一種新興商業模式冒起，這模式的目標是要為共同家園提高可持續性（例如共享經濟），及推廣更健康生活方式的選擇。

㉕ 不過，儘管整體商界的環境意識有所提升，但依然有個別過分自信的企業領袖，滿以為地球資源還可以無限量增長，又誤以為任何難題也可以憑市場力量、個人利益誘因及科技迎刃而解。另一些企業領袖的態度則較為謹慎，他們深明大自然的轉變（例如食水短缺）會突如其來地影響產能，而氣候變化造成的社會弱化亦無人能倖免。追逐更大利潤和無限消費的欲望，也許是這種過分自信所造成的。教宗方濟各一直特別關注這心態衍生日益猖獗的消費主義和「丟棄文化」，他警告大家有一種沉迷享樂的消費主義正在使「良知麻木、內心再沒有空間去顧及他人或容納窮人，就聽不到天主的聲音」。[24] 消費主義會蒙蔽我們自己對婚姻與家庭、文化，及自然環境造成的傷害。教宗方濟各提倡一種「整體生態學」，好讓德行、犧牲、重建大自然、人類和天主密切關係，來為我們的生活方式注入生命。

Klaus Pichler (www.pichlerphoto.ch) 攝

24 《福音的喜樂》宗座勸諭，2。也參閱《願祢受讚頌》通諭，203。

文化傾向個人主義的引誘

㉖ **文化轉變：**正如早前所述，全球化帶來了國與國之間更緊密接觸，而人與人之間的更緊密接觸則由科技促成，兩者帶來重大的文化轉變。從基督徒企業領袖的角度而言，其中兩個相關的關鍵轉變，一是西方社會轉向自我主義，另一轉變則是較從前多了很多破碎家庭。功利主義在經濟學以至社會日益高漲，這也鼓勵了民間只着眼「只要我愜意」，而不管會否對他人造成影響，因此大大擾亂了家庭生活。「價值」竟被看成是相對的，是可根據個人喜好及商業利益而判斷的；工作變成謀取個人生活享樂的手段；權利變得比義務來得重要；為公益犧牲被貶為不值一哂。凡此心態，一來導致企業管理層苛索不成比例的企業回報，二來引致員工保護既得利益心態滋長，三來則縱容了顧客對即時滿足的苛求。

㉗ 幸好社會也出現了新的運動及項目，目的是推動關乎商業的倫理與靈修生活，包括信仰與工作小組、在職領袖計劃、商業倫理培訓、社會責任項目、社企項目及團結原則經濟項目等等。這些努力皆旨在協助企業領袖在管理業務時，秉持聖保祿勸諭的精神：「應當考驗一切，好的，應保持」（得前 5:21）[25]。許多這類團體和運動正幫助企業領袖去認識他們的工作是一個使命，同時也認識到自身企業在大眾福祉上的角色。

㉘ 無容置疑，全球化、改良了的通訊設備、先進科技、金融化的確為人類社會帶來了不少正面影響。例如，正常看待短期財務業績可以是正面的，只要把它當作決策過程的其中一項考慮因素，而非唯一基準；當然，沉着鎮定及明察事理決不可少，而且還要細心考慮任何決策「可能對人類造成的負面衝擊」，[26] 這些取向均需要被光照基督徒的福音啟迪，及蘊藏在優良文化體制內的道德社會原則指引。若然缺乏這些耳提面命，企業領袖或會損害「人的全面發展」——這詞乃保祿六世首創，意思是指滿全、完整的人性整全，必須是所有人追求正義與和平的目標。[27] 在這一點上，正是教會的社會訓導，及我們對天主的愛之信靠，能提供真知灼見，讓企業領袖得以履行他們的基督徒使命。

---

25 可參考「普世博愛運動（Focolare Movement）」、「公教企業管理人員協會國際聯盟（UNIAPAC）」，「Legatus 組織」,「工商界基督徒（Christians in Commerce）」，「依納爵商業分會（Ignatian Business Chapters）」，源自「共融及解放運動」（Comunione e Liberazione）之 Compagnia delle Opere，以及其他真心關切信仰與經商關係的運動。

26《願祢受讚頌》通諭，109。

27《在真理中實踐愛德》通諭，11。教宗方濟各成立了「聖座促進人類整體發展部」，另外附設專責單位處理慈善工作、醫護人員、正義與和平、以及移民與難民等事宜，此新部已於 2017 年元旦正式運作。新部法規開首（譯文）：「在教會的一切存有和行動中，她被召叫依照福音精神促進人類整體發展。這項發展是憑着關心正義、和平及維護受造界無以計量的益處來實現。」（參見 https://migrants-refugees.va/）

Vocation of the Business Leader

第二章

判斷

秉持道德原則

秉持道德原則的重要性

㉙ 應付上述商界的複雜環境需要良好的判斷，明智及建基於現實與真理的判斷。不過，縝密周詳的判斷力需在企業領袖出身的道德及精神文化環境內培養出來，主要是從他們的家庭、宗教、學校及較具規模的所屬團體。對基督徒企業領袖而言，這文化的重點正是耶穌基督的《福音》。

㉚ 《福音》是愛的啟示，並非源自某項理論或一種倫理，而是始於人與耶穌基督的關係。[28] 若我們願意的話，這關係、這愛的使命，必能鼓舞振奮每一位基督徒的生命。這愛的使命對基督徒企

28 參閱本篤十六世《天主是愛》通諭，(2005)，1。

業領袖而言，具有特殊的倫理及宗教含義；這些含義可以在教會所稱的*社會傳承*中找到——是信仰、理性與行動之間活潑的交談，也是四部《福音》與時代徵兆之間活潑的交談。[29] 在權威可靠的導師（天主教社會訓導）、見解精闢的學者（天主教社會思想）與有本事並堅守原則的執行者（天主教社會實踐）三者之間的互補關係中，這傳承才得以發揚，正值包括企業領袖在內的基督徒，在職業生活中尋求明辨及卓越成就之際，這《福音》傳承也不斷在發展、淨化及調整。

㉛ 對企業而言，這《福音》傳承的一個重要之處，乃在於從基礎與實踐兩個層面來闡釋道德社會原則，以及認定了企業是眾人組成的團體之觀點。接下來三部分的主題分別是*基礎*、*實踐*、*團體*，三者一起為真正卓越的營商方式提供指引，因為三者均建基於「人之為人」、人在世上的角色和使命、及人類如何在企業、主流社區及我們的共同家園內充分成長。

---

29 鑑於新的情況及新的訓導，這小冊子需更新以反映教會社會傳統之活力。

基礎原則：
重視人的尊嚴

Klaus Pichler (www.pichlerphoto.ch) 攝

㉜ **人性尊嚴**：在教會的社會傳承基礎上，穩立着一個信念：每個人、不論年齡、身體狀況或能力，都是天主的肖像，因此天生具有不容貶損的尊嚴或價值。每個人皆以其自身為目的，人從來不是一件只憑功用來衡量的工具——是「*誰*」，不是「什麼」；是「某人」，而不是「某東西」。[30] 我們之所以擁有尊嚴，純粹因為我們是人類，尊嚴從來不是什麼個人成就，亦不是由什麼權威人士所賦予的；尊嚴不會遺失、被沒收或被合法褫奪；所有人類，不論個人特質或處境，皆可享受這天主賜予的尊嚴。此外，因着人、動物與地球的「整體生態」關係，天主的印記也賦予了整個

30《教會社會訓導彙編》，108。

受造界。[31] 因此，正確理解「人性尊嚴」是與人類工具化絕不相容的，而且必須融入我們生活的世界。

㉝ 因着人性尊嚴，每個人都擁有權利——其實也是責任——去奉行自己的使命，並在與他人的共融中為實現個人抱負而奮鬥。故此，這也意味着我們每個人也有責任避免做出任何妨礙他人發揮才能的行為，同時在可能的範圍內，亦有義務去促成他人一展所長，因為「我們大家都是要為眾人負責的」。[32]

㉞ 更具體而言，人類展示他們自身的造物主肖像，在於他們的邏輯思維和自由意志上，以及在與他人共同生活的天性（即他們的社會性）上。因此，人類的充分成長往往包含良好的推理、按理智

31《願祢受讚頌》通諭，137-162。

32 若望保祿二世《社會事務關懷》通諭（1987），38。

的自由選擇、及在社會中群居。事實上，只有在團體內——即是與他人的共融內——一個人才能夠真正培養出能力、德行及聖善。藉着強調*整體生態學*，教宗方濟各提醒我們去正視這共融是全球性的、是包括所有人的（特別是最脆弱和被邊緣化的人）、是「普世共融」中的大自然環境。[33]

㉟ 有一點是肯定的，那就是每一個人都是超性預定得享天主永生的。雖然俗世成長永遠不能達致圓滿，但不代表人的俗世生活便不重要。剛好相反，俗世成長是美好人生的一個重要元素。此外，無論物質資源是匱乏抑或氾濫，往往同樣會構成追求德行和聖善路上的障礙或滋擾。

33《願祢受讚頌》通諭，92。

基礎原則：
關注公益貢獻

㊱ **公益**：人類的社會性——反映着天主聖三的共融——指出了另一重要基礎原則：公益的重要性。梵二如此定義公益：「所謂公益即讓私人及團體可以更充分而便利地玉成自身的社會生活條件的總和」。[34] 每當人類眾志成城朝同一目標行動時，各類公益便會應運而生。因此，建立一段友誼、一個家庭或一家企業能夠創造出一種公益，讓朋友分享、讓家庭成員分享、讓所有與企業有接觸的人士分享。各類公益之所以成事，乃由於我們都是具關連性的存在，我們不止於僅有個人人生目標，而且無法獨自成長。我們亦參與了真正的*共享*及*共同*工程——產出共享財貨讓所有人得

---

34 《論教會在現代世界牧職憲章》，26。

益。（教會訓導提倡的）公益包含及提供人類賴以在個人、團體層面發展所需的所有財貨。這過程要求我們保持得宜的敏銳度，以顧及那些身處社會邊緣的人，特別顧及當下決策對環境所造成的長遠影響——不只在我們有生之年，也包括對未來世代的影響。[35]

㊲ 企業也為主流社會創造了許多貢獻公益的有利條件，如產品和服務、提供職位、為社會製造出經濟剩餘價值，及社會剩餘價值，通通是一個國家及人類作為整體的美好生活基礎。例如，良心基金和小額信貸公司開宗明義致力於維護核心價值。商業活動不足的國家通常難阻國內的最佳人才流失到別國去，因人才看不見自己或家小在當前國內局勢下有何前途。有些社會則無法生產足夠的集體財貨及公共財貨，以確保人能有尊嚴地生活。有見及此，對於每一個社會以至整個世界秩序的公益而言，企業實在功不可沒。

㊳ 真正繁盛的企業及市場均得益於主流社會中或多或少的有利條件。想像一下公共財貨如法治、健康的自然環境、私產權、自由公開的市場競爭、健全的貨幣政策與金融政策、以及重要的交通及通訊基建，我們會發現原來在「良好社會」的架構外，企業是

35 《願祢受讚頌》通諭，162。

無法運作的。若然公共財貨不存在或不能有效操作，企業自然首當其衝。健全的政府不只企業所依賴，在教育孩子、培養他們技能與德行及裝備他們就業方面，即使在政府之先，一個健康的道德 / 文化環境必不可少。工商業既然從社會提供的資源得益，順理成章應在經營過程中尊重公益，並支撐公益得以持續下去。

㊴ 企業的其他主要功能也造福了社會大眾，一家良好的企業至少會謹言慎行，避免做出任何危害本地或全球公益的行為，以免殃及個人、團體、社會及大自然環境。更正面的是，這些企業會在能力範圍內，主動想辦法去事奉真正的人性需求，藉此*促進*公益。在另一些情況下，企業可以採取主動，倡議更有效執行的地區、全國甚至國際監管。試考慮破壞性營商策略，如貪污、剝削員工或破壞自然環境的危險，縱使這些不良手法或可為奸商降低短期成本，但更昂貴的長期成本，卻轉嫁到當地的未來世代身上。這類營商手法若然是合法的，固然為無良企業取得競爭優勢，但同時卻損害了較具良心的競爭對手，後者因符合道德的經營手法，而需要付出真正、但更昂貴的成本。這種「尋底競爭」遊戲，單靠個人道德行動一般難以扭轉，故此當務之急，是建立一個更完善的體制框架，讓所有參與者在市場內成為良好的企業公民。

實用法則：產出「好」商品

㊵ 在一個市場經濟體內，尊重人性尊嚴和公益是基礎原則，理應用來培育我們如何組織勞動力與資本、創新過程、生產過程，與分配成果過程。個別企業與商業系統主要目的是照顧真正的人性需求——即經由一家企業，以某種方式事奉每一個人的切身需求。故此，有三項互為影響的行動企業特別需要執行：

一） 良好貨品：創新、開發和製成產品及服務，專注顧及真正的人性需求；

二） 良好工作：組織良好和有實質效益的工作；

三） 良好財富：使用資源，運用可持續的方法創造及共享財富與繁榮。

㊶ 針對以上互為影響的行動範疇，教會的社會傳承提出了一些實用原則，希望有助指導決策者行善。這些建立在基礎原則上的實用原則目標，主要是尊重商界中多元文化與多元信仰情況，兩者均是今天商界的特色。這些實用原則，亦有助釐清基督徒商人的使命，以及真正企業領袖的角色。

㊷ 成功的企業在登峰造極的境界中，運用了大量創新、創意和首創精神，嘗試去確定真正的人性需求，然後尋找方法去滿足這些需求。這些企業依然出品從前已經生產過的製品，不過正如在藥物、通訊、信貸、食品生產、能源及福利服務等領域，成功的企業會發明出*滿足人性需求的全新方法*。此外，它們還會逐點逐點地改良產品及服務，當效果變得良好，這些製成品將大大改善眾人生活的質素。

㊸ 在*社會福祉*的範疇內[36]：誠如《教會社會訓導彙編》所言：「商業應有的特點是社會福祉，生產有用的物品和服務」。[37] 企業的性質本來就是「以他者為本」。企業統籌眾人的天分、才華、能量及技術以事奉其他人的需求，企業這種行動因而支持了動手做工作的人們的發展，勞動者共同完成的工作，則產生了健康社區所需的產品及服務。「企業領袖並非投機者，

Klaus Pichler (www.pichlerphoto.ch) 攝

36 《教會社會訓導彙編》，164-167。

37 《教會社會訓導彙編》，338。

而是本質上的創新者。投機者的目標是追求最大的利潤；在他眼中，企業只是一個為達到目標的手段而已，而那目標就是賺錢。對投機者而言：築路、建醫院或學校都不是目標，而只不過是利潤極大化的手段。顯而易見，投機者絕對不是教會希望展示的企業領袖模範——公益的推動者及建造者」。[38] 恰恰相反，在創造真正良好的產品、真正優質的服務之際，基督徒企業領袖也事奉了公益，企業所出產的產品及服務必須滿足真正的人性需求，故此產品及服務不僅包括具有明確社會價值的東西——維生醫療儀器、小額信貸、教育、社會投資、公平貿易產品、再生能源、藝能企業、健康護理、或可負擔住房，其中也應包括任何既照顧我們共同家園，又能確實貢獻人類發展及自我實現的東西。這些東西包含了簡單產品如螺栓、桌子和布匹；亦包括了複雜系統，如廢物回收、道路及運輸；涵蓋綠色企業及可持續企業，特別是那些位於受生態災難影響地區的企業；最後還有那些協助社區適應自然條件轉變技術轉移的企業。

㊹ 1931 年教宗庇護十一世在他的《四十周年》通諭中，強調企業要為眾人生產「確實有用的產品」的重要性。[39]「好的企業家首先想到的是為人服務，然後才想到如何去獲取利潤……他僱用員工為了製造真正有價值的物品；他不會錯誤地要他們製造沒有價值，甚至有害或不好的物品；他只給消費者提供有益的商品和服務，決不利用消費者缺乏經驗和他的弱點，讓他上當，浪費金錢去買他不需要的物品，甚或買那不僅無用而且有害的物品」。[40] 我

38 參閱貝爾托內樞機《高於利潤的目標》，「商界世界倫理的高峰會議」。2011 年 6 月 16 日，羅馬。http://www.vatican.va/roman_curia/secretariat_state/card-bertone/2011/documents/rc_seg-st_20110616_business-ethics_en.html

39 庇護十一世《四十年》通諭（1931），51。

40《社會經濟的重組》(Oswald von Nell-Breuning, Reorganization of Social Economy, Milwaukee: The Bruce Publishing Co, 1936. 115-116)。

們需分辨出什麼是確實的需要，什麼是純粹欲望—就是對人類福祉幸福無關痛癢。在極端情況下，追求滿足純粹欲望還會危害人類福祉及地球，比方販賣毒品、色情物品、賭博及暴力電子遊戲產品。這種對欲望無法自拔的沉溺—通常稱「消費主義」—將生產及消費從公益切割出來，也妨礙了個人發展。[41] 真正良好的產品會按照需求層面的次序來照顧消費者的需求，營養豐富食物的需求肯定比賭博娛樂的欲望來得重要。這是客觀的次序，也正是為何產品及服務的供應必須遵從真理，而非只顧快感或功利的原因。

---

41 若望保祿二世《百年》通諭（1991），36。也參閱方濟各：「今日世界的大危機是個人主義造成的憂傷，這份憂傷緣於自滿與貪婪的心、紙醉金迷、良知麻木。內心若被個人私益和顧慮所禁錮時，就再沒有空間去顧及他人或容納窮人，就聽不到天主的聲音，感覺不到祂愛的飴樂，行善的渴望也消退了。…… 這並非是度莊重和豐滿生活的選擇，並非上主對我們的旨意，亦非在聖神內的生命、那從復活主基督的聖心所湧流出來的生命。」(《願祢受讚頌》，2)。

實用法則：關懷貧窮

㊺ 在團結關懷窮人的範疇內：產品及服務的製造過程「逐漸擴展成一整條團結之鏈」，為此也為企業界提供了一些重要的挑戰與機遇。[42] 挑戰之一是以團結關懷精神來確定窮人及弱勢社群（包括有特殊需要人士在內）的真正需求的重要性，這類需求——一如未來世代的需求——常常被短線利潤支配的市場所忽視。[43] 基督徒企業領袖經常留意着任何協助被遺忘人士融入社會的機會，更視之為確當的社會責任、也是具潛力的商機。至於「金字塔底層」產品及服務領域的新生事物如小型企業、小額信貸、社會

42 《百年》通諭，43。

43 《教會社會訓導彙編》，192-196。

企業及社會投資基金等等，在照顧窮人需要方面亦舉足輕重。這類創新不只幫助窮人擺脫赤貧，甚至還能燃起他們的創意和企業精神，從而聯手推動另一波新發展動力。[44] 事實上，在一次「全球人民運動會議」中，教宗方濟各指出，不少貧窮社區因團結關懷而啟發大量經濟項目，已經成功改善了經濟、社會及生態。企業、政治和文化三個界別的領袖，也能發揮團結關懷和上下輔助精神，只要他們願意協助而非阻撓這些項目的推行。[45]

㊻ 團結關懷窮人向來是教宗方濟各在言在行的重點關注，[46] 他敦促企業領袖去採納「真福八端」作為啟發，以提升對別人的痛苦的敏銳度，尤其是對於被社會排斥的人士。教宗挑戰他們去充當和平締造者、「以慈悲拒絕遺棄他人、破壞環境，或拒絕只求獲勝不計手段。」[47] 在創造無數創新產品和系統中顯示自己天才橫溢的企業領袖們，也應該以同樣的天賦去解決經濟排他性與不公平分配。[48] 此外，企業可以在供應鏈和外判活動中對抗排他性，原因

---

44 《在真理中實踐愛德》，45。

45 2014 年 10 月 28 日教宗向「全球人民運動」聚會人仕指出：團結關懷原則的意思是「所有人的生命都比少部分人攫取財貨優先、亦即是抵抗造成以下的結構性原因：貧窮與不公平；工作、土地及住屋不足；漠視社會及勞工權利。」http://www.vatican.va/content/francesco/en/speeches/2014/october/documents/papa-francesco_20141028_incontro-mondiale-movimenti-popolari.html

46 教宗方濟各除了經常關在口邊的名詞如「排他性（Excluded）」、「丟棄（Thrown away）」的人、「邊緣 (Periphery)」的人外，他經常也有身體力行。他向梵蒂岡和他羅馬教區的露宿者提供食物和衛生設施。他號召了各界去特別關注移民、難民和人口販賣的受害者。其他行動包括：探訪設於意大利西西里的蘭佩杜薩島 (Lampedusa) 及希臘萊斯沃斯島 (Lesbos) 的難民接待中心、邀請敍利亞難民在梵蒂岡居住、親自領導改組後的教廷「移民與無定居者牧靈委員會」。

47 教宗方濟各第五十屆「世界和平日」文告。2017 年 1 月 1 日。

48 教宗方濟各向於瑞士達沃斯 / 克洛斯特斯舉行之「世界經濟論壇」執行主席發言：「那些天資具創新能力、且能夠懂得運用創意和專業專長改善他人生活能力的人，事實上，他們還可以進一步作出貢獻，用自己的才能去事奉生活在極度貧窮的人。」http://w2.vatican.va/content/francesco/en/messages/pont-messages/2014/documents/papa-francesco_20140117_messaggio-wef-davos.html.

是供應商應對成本壓力的手段，亦可能導致不安全工作環境、過勞員工、生活工資不足、環境失責等行為，這些情況特別在發展中國家經常出現。越來越多企業已發現，即使供應商不屬於企業僱員，但以上問題依然不容忽視，畢竟公義準則的重要性，不亞於產品的質量與價格。

實用法則：提供「好」工作

㊼ 企業一方面製造產品及服務，同時也組織人才共同工作。成功企業所安排的工作是良好及有效的、有效率及富有吸引力的、具自主性及合作性的。工作的安排與管理，大大影響一家企業能否在市場上的競爭，員工能否在企業內充分成長，及環境是否有被照顧到。聖若望保祿二世曾這樣闡述：「曾幾何時，*土地*便是一切，生產惟之所繫；接着是資本，這包括各類生產工具的全面複合體，今時今日，決定一切的變成是*人本身*：也就是說他的知識，尤其是科技知識；互相關連而緊密的組織能力；以至預見他人需要並加以滿足的能力。」[49] 正當全球化日益擴張、市場急速變

---

49 《百年》通諭，32。

化之際，有遠見及為長遠計劃的工作安排，可以確保企業的靈活性、應變能力和活力。

㊽ **促進有尊嚴的工作**：1931 年教宗庇護十一世曾寫道：「一種最悖逆的事…死的物質經過工廠把身價抬得高高，變得更為可貴，人類卻在工廠裡腐爛且墮落了。」[50] 人類工作的偉大不僅帶來改良了的產品及服務，也培養了工作者本身。關於工作的性質及對人的影響方面，天主教的社會傳承尤見敢言。聖若望保祿二世曾談論「工作的主觀幅度」與「工作的客觀幅度」的差別，他教導人在工作的時候，不僅可製造更多數量的物品，人自己也會變得更圓滿。工作帶來的轉變不能完全算在客觀幅度上，從事工作的人、即工作的主體，也大大地被自己手上的工作影響，不管是行政人員、農夫、護士、清潔工、工程師抑或技工，總之工作既改變世界（客觀幅度），也改變從事工作的人（主觀幅度）。正因為工作能改變個人，因此工作既可提升也可輾壓人的尊嚴；工作既可讓

50《四十年》通諭，135。

人成長，也可讓人受傷。因此，「工作尊嚴的源泉，首先應該從主觀的幅度來找，而不是從客觀的幅度。」[51] 若從這個角度去對待工作，我們可以發現僱主與僱員雙方的共同承擔，一起把工作提升至那璀璨的境界，這正是正確營商實踐及道德的結合。

㊾ 認識工作的主觀幅度等於承認工作的尊嚴及重要性，這也有助我們明白到工作是「為人」的，而不是「人為工作」[52]。僱員絕非只是「人力資源」或「人力資本」，故此工作必須因應人類的能力及本質而安排，我們絕對不能把人當作是機器一樣，只懂要求他們去適應手上的工作。合適的工作預留了空間讓員工去展示才智和自由，這樣的工作環境才可促進群體關係和真正合作，而不會損害員工的身體健康與體格健全，方可進一步論及精神健康及宗教自由。若要安排良好工作，企業領袖需要自由度、責任感、與知人善任的能力，及在對的崗位上培養對的人。良好工作的目標是要滿足真正的人性需求，一來好讓員工可以養活自己及家人，也有助於他人在我們的共同家園內充分發展。良好工作必須經過精心安排及完善管理，方能產生實質的成果，讓工人可以賺取生計。不僅如此，薪酬架構必須確保誠意付出勞力的工人在企業中獲得應有的地位和報酬。在這一點上，聖若望二十三世在《慈母與導師》通諭裏有非常明確的闡述：「所以，如果從事生產的經濟制度或條件，有損工人的人格尊嚴，或削弱其責任感，或剝奪其自發自動的能力，這樣的經濟制度，縱使產生極其豐厚的利潤，並且利潤分配得符合正義及公平的標準，我人斷言，它是與正義背道而馳的。」[53]

---

51 《論人的工作》通諭，6。

52 《論人的工作》通諭，6。

53 《慈母與導師》通諭，83。

實用法則：建立上下輔助文化

(50) **建立鼓勵參與的架構**：上下輔助原則紮根於這信念，人是天主的肖像，人類的充分發展要求人善用自己的天賦與自由，若然天賦與自由無故地被約束或壓抑，人性尊嚴便永遠無法受到尊重。上下輔助原則承認人類社會中，較大的團體中存在着較細小團體。例如家庭本身是小團體，也是鄉村或城市的一員，而鄉村或城市則是州縣或省分的一員，然後州縣或省最終是國家的一員。上下輔助原則要求最受影響人士的天賦與自由不被任意漠視。聖若望保祿二世曾表示，當最受影響的人士需要支持時，除了尊重外，還需要上下輔助，再加團結關懷的互補，並指出：「居於上的社群不應事事干涉居於下的社群，而應在需要時加以援手，調劑活動以配合社會的整體活動；其間應無時或忘公共福利之所在，並切勿剝奪在下的社群之功能。」[54]

51 上下輔助原則通常應用於國家政府架構，同時也適用於商業機構。當我們運用自己的天賦與自由，為求達到某些共同目標、建立和維持與同事間的人際關係、建立和維持與企業服務對象間的良好關係時，我們便可以在工作中充分成長。換言之，工作場所越具參與性，員工便越有可能發展他們的天分與才能。僱員對自己的工作應該有權發言，尤其是日常事務上，這才會促進他們的主動性、創新、創意及共同責任感。

52 上下輔助原則為企業領袖提供了大量真知灼見，更鼓勵他們運用權威去事奉所有員工的個人發展。這原則特別要求企業領袖負起以下三個責任：

一） 界定公司內部每一職級的自主權及決策範圍。企業領袖需

54 《百年》通諭，48。也可參閱宗座正義與和平委員會《教會社會訓導彙編》，185-186，和《天主教教理》，1883。及參閱 Michael Naughton, Jeanne Buckeye, Kenneth Goodpaster, and Dean Maines, Respect in Action: Applying Subsidiarity in Business (St. Paul, MN: University of St. Thomas, 2015)。www.stthomas.edu/cathstudies/cst/publications

盡可能強調這方面的重要性，同時要訂立清晰的權限，避免個人或部門的決策權超出他們所能取得的決策所需資訊，保證他們決策的後果不致超出他們的職責範圍。

二）為僱員提供所需的工具及培訓，確保他們具備足夠的知識及技能去完成工作。

三）建立彼此信任的企業文化，讓被指派任務及職責的員工享有真正自由去作決定。具有輔助原則特色的企業能夠培養出全體員工間的互相尊重及共同責任感，僱員才會體察到企業的出色業績與自己的真誠投入之間的關連。

關於決策的最後一點，正是上下輔助有別於授權的原因，授權者只是將職責或決策權下放，但隨時可以收回。因此，授權沒有把僱員提升至像上下輔助原則主導安排般的高超卓越及全情投入，也因為這緣故，僱員不大可能成長及完全承擔責任。

(53) 根據上下輔助原則，基層僱員經過訓練，累積經驗，獲得信任，知道自己的職責範圍、有足夠自由度作決定，他們便能充份發揮自己的自由和才智來發展自己，是名副其實的「合夥人」。對於每一職級裏的企業領導人而言——從部們主管以至首席執行官，這種要求雖然高，但物有所值。在上下輔助原則下工作，企業領袖需要謹言慎行，及虛心接受成為僕人式領袖的角色。

實用法則：獲取「好」財富

54 企業家用自己的創意組織勞動者的才華與精力，再集合資本與地球上其他充沛的資源，得以製成產品及服務。當這程序行之有效，企業家便能提供合理薪酬的職位，利潤大豐收，並能與投資者共享財富成果，令所有相關人士都了不起！事實上，「教會承認要衡量一家公司是否管理妥善，其利潤是一個合理的指標——公司正在獲利，意即生產因素得到妥善運用，相關的人性需求得到滿足。」[55] 一家賺錢的企業在創富及推動繁榮之同時，也在幫助着眾人充分成長，及協助社會獲取公益。話雖如此，但創富並非單單局限於金融利潤，「財富」一詞英文「Wealth」的詞

55《百年》通諭，35。

源「Wellbeing」（幸福），顯示了一個更廣義的概念——人在肉體上、精神上、心理上、道德上及靈性上的幸福。財富的經濟價值與我們共同家園內眾人更廣義的幸福，存在着密不可分的關連。

(55) **保管資源：**《聖經》告訴我們，好的管家們在處理受託資源時，既充滿創意亦成績斐然。[56] 他們不單取用受造界的豐富資源，並運用自己天賦和才幹，從受託的財物，產出更多的財物，在商業的意義下，這就是金融利潤——留存收益減掉支出後的盈餘，這利潤足以令企業持續營運，繼續進行研發及創新。最好的企業領袖能將資源物盡其用、維持合理水平的收益、毛利、市場份額、生產力、效率等等，以確保公司可持續營運。若然沒有金融財富創造出來，分紅便無從說起，企業也無法生存下去。

(56) 雖然盈利能力是衡量企業健康的一個指標，但並非唯一的指標，亦非最重要的指標。[57] 維持一家企業，利潤固然必要；可是「若把利潤作為唯一目標，若生產的方式不善，又不以公益為最後目的，那麼人很容易會破壞財富，並製造貧窮」。[58] 利潤就像食物，一如生物必須進食，但那不是生物存在的首要目的。利潤是一個好僕人，但也是一個差勁的主人。

(57) 金融資源固然重要，但保管自然環境及文化同樣重要。榮休教宗本篤十六世曾寫道：「大自然是天主賜予大家的，我們享用它時，要對窮人，未來的世代和全人類負責」[59]。受造界自有其秩序，這秩序不是我們創造的，我們只是發現了它。受造物和大自

56《瑪竇福音》25:14-30。

57《百年》通諭，35。

58《在眞理中實踐愛德》通諭，21。

59《在眞理中實踐愛德》通諭，48。

Klaus Pichler (www.pichlerphoto.ch) 攝

然可以適當地取用，以照料真正的人性需求；身為天主的合作者一起展現受造界之同時，我們有責任尊重周遭的世界而非侵犯她、有自由去栽種這世界而非蹂躪她。或者如《創世紀》開首幾章所言，我們被號召去小心「治理」大地、「耕種及看守」、栽培受造界、使她結實纍纍，但我們沒有「許可證」去任意剝削她。企業領袖必須開心見誠，撫心自問，對於大地我們是否「已過分耕種，但看守不足」呢？[60] 教宗方濟各教訓我們需反省有否*好好照料我們的共同家園*。

60 圖爾克森樞機：「保護地球、維護人性尊嚴：氣候變化與可持續發展」，梵蒂岡，2015 年 4 月 28 日。http://www.casinapioiv.va/content/dam/accademia/pdf/turkson.pdf

實用法則：公正分配利益

⑸ 公正分配：作為財富和繁榮的創造者，企業及管理層需設法保證企業所得的財富，可公正地分配給僱員（依照賺取公道薪酬的權利原則）、顧客（公道價格原則）、擁有人（合理回報原則）、供應商（公道價格原則）、社區（合理納稅及其他社區捐助原則）[61]。公正分配適用於任何規模及水平的企業，從最小型的本地商店，以至大型跨國企業。在全球團結關懷的層面上，這公正分配可以包括投資可持續企業，也可包括將技術轉移至受生態災難影響的地區—也往往是最貧窮的社區，好讓他們能夠適應當地越見惡劣的自然環境。

61《教會社會訓導彙編》，171-181。

⑲ 我們若接受天主創造萬物是為所有人—無論貧與富、強與弱、當下與將來，即是接受所有資源都是以「社會抵押」方式賦予全人類，[62] 天主教社會傳承理解這契約，也同樣適用於私產和資本。按照常理，私產和資本一般是掌握在私人手中的，但「私產權隸屬於共同使用權之下，一切的事物是為大家的利益的」。[63] 這原則要求企業領袖也考慮定售價、發工資，分產權、派股息、管理應付賬等等的方式，如何影響財富的公正分配。他們的決策目標不應是相等分配，而是公正分配，因為只有公正分配才可滿足眾人的需求，獎勵眾人過去的貢獻及所承擔的風險，同時亦守護及提高企業的財政健康。剝奪人們領取地球果實的正當權利，尤其是影響人們的生計，等同否定天主頒佈給人類去發掘、培養和運用恩賜的命令。

⑳ 除上述之外，「經營成本」亦必須公平分擔。教會一向特別關注企業是否沒有公正分攤，生產和消耗過程中的環境成本及人力成本。不然的話，這些成本便由大眾與未來世代承擔了，且經常不成比例地轉嫁到窮人的身上。教會亦關注到企業是否被過分的官僚主義及課稅窒息至一個臨界點，以致無法創造新職位。職位流失、小型企業商機萎縮的惡果，又再次由貧苦大眾不成比例地承受。《願祢受讚頌》也指出窮人比富人承受更嚴重的環境與文化剝削，例如窮人的居所多數位於水質差、空氣差的高危地區，經濟學家稱這成本為「負面界外效應」，即是把生產成本社會化，但利潤卻私有化。這正是為何教宗方濟各倡議「整體的生態學」，去解決經濟及文化上的不公。[64]

---

62 《社會事務關懷》通諭，42。

63 《論人的工作》通諭，14。

64 《願祢受讚頌》通諭，第四章。

六項實用企業原則

人*性尊嚴*與*公益*是教會社會訓導的基礎，連同六項實用企業原則一起，兩者可以為三個企業目標——*良好貨品*、*良好工作與良好財富*——提供更具體的指引。

良好貨品：憑藉創造及開發產品及服務以滿足世人需求

一） 藉着生產真正良好的產品、真正優質的服務，*企業為公益作出貢獻*。

二） 憑藉留意照顧貧困及公共服務不足人士、有需要人士的機遇，也憑藉清除阻礙人參與經濟的障礙，企業與貧苦大眾*保持關懷團結*。

良好工作：組織良好和有實質效益的工作

三） 憑藉培養*人類工作的特殊尊嚴*，企業為公益作出貢獻。

四） 支持*上下輔助原則*的企業為僱員提供機會，得以在履行企業使命時發揮自己的才華。

良好財富：創造可持續財富並公正分配

五） 企業把*保管資源*看待為管理自己的資源——資本資源、人性資源、環境資源——以好好照料人類的共同家園。

六） 企業*公正*地分配利益給所有持份者（僱員、顧客、投資者、供應商、社區），並攤分各自應承擔的企業營運成本。

衆人成團
爲企業之本

㉑ *上述六項原則*提醒我們企業存在的目的，正如聖若望保祿二世所描述：「其目的並不單單在於賺錢，而是在於其作為由人組成的團體這個存在本身。 這些人致力於滿足其基本的需要，同時形成一個特殊的群體，而為整個社會服務」。[65] 雖然「*由眾多個人組成的團體*」這詞在今天商業刊物裏並不常見，但確實清楚表達出一家公司及企業可以實現的模樣。公司的英文「Company」和同伴的英文「Companion」的英文詞源包含了意思為在一起的拉丁文「Cum」，及意指麵包的拉丁文「Panis」，結合可解作「在一起擘麵包」的意思。至於集團的英文「Corporation」的詞源，是意思

---

65 若望保祿二世《百年》通諭，35。

為身體的拉丁文「Corpus」，表示一群人「在同一身體內合一」。由親戚們共同組成的家族企業，正符合這個理想。借鏡寄託所有家人身上望子成龍的愛，家族企業領袖，也可同樣為被邊緣化及弱勢群體度身訂造就業機會。[66]

㊷ 若然我們把一個商業組織看成是一個眾人組成的團體，明顯的真相是，我們彼此間的共同聯繫，其實不只是什麼法律合約或互惠的私人利益，而是在真正財貨上的共同承擔、與他人一起事奉世界。把企業簡單看成是「一疊股票」——私利、合同、功利、金融利潤極大化，便概括了它的全部意義的話，這是既危險，又不準確的。[67]「工作的特色本來是團結人民。工作有它社會的力量：建立團體的力量」。[68] 深明此理，有助防止通常出現在市場經濟的企業內部，及周圍之人際關係不足而造成的精神貧窮。[69]

㊸ 按照上述六項原則，把一家企業建立成一個人的團體殊非易事，制定提升員工為人性團體的措施及政策也很困難，大型跨國企業對此更是束手無策。不過，大大小小公司的高層卻得益於某種個人美德的辦事方式——任何事業核心中的激勵人心習慣及道德品格。商業專才的兩個重要美德，正是實踐智慧及公義，稍後再加詳述。在商業實務中，明智的判斷（實踐智慧）和公正的關係（公義）是無可取代的。這六項原則沒有提供任何應付日常工作挑戰所需的明智判斷，亦沒有提供任何藍圖或技術上的解決方

66 參考「家族企業協會」（FBN）列舉例子（Family Business Network, www.fbn-i.org）。雖然只是一個世俗組織，但「家族企業協會」擁有許多不同信仰的成員，它提倡對工作場所、社區、大自然環境和子孫後代「的承諾」。當然，其他以使命爲導向的企業也能如家族企業一樣，展現出與社區的聯繫。

67《百年》通諭，43。

68《論人的工作》通諭，20。

69《在眞理中實踐愛德》通諭，53。

案，這也非原則本意。為光照基督徒的《福音》啟迪下的道德社會原則，只是為良好企業提供指引方向，但實際掌舵的應是富有經驗，及可作周詳而明智判斷的企業領袖，只有他們才能巧妙地應付個別情況所帶來的複雜性與張力。

Vocation of the Business Leader

第三章

行動

付諸實踐道德社會

行動的見證

⑭ 聖若望保祿二世在《百年》通諭中寫道：「今日，教會十分了解，她的社會教導要獲得別人信任，比往日需要更多的*行動證明*，而非單憑教會內的推論與原則。」[70] 這些行動的見證——極大多數來自平信徒——並非「只是被動得益者，而是在關鍵時刻實踐教會社會訓導的主角；承蒙各人不同領域累積的實戰經驗、加上專業技能，他們因此成為牧者在制定社會訓導過程中的珍貴合作者。」[71]

⑮ 基督徒企業領袖皆是坐言起行的人，他們示範了真正的企業家精

---

70 《百年》通諭，57。

71 本篤十六世向「紀念《慈母與導師》通諭發表五十周年」會議與會代表發言（2011 年 5 月 16 日）。http://www.vatican.va/content/benedict-xvi/en/speeches/2011/may/documents/hf_ben-xvi_spe_20110516_justpeace.html

神——認同慷慨、忠實地接受企業使命是天主賜予的責任。激勵這些領袖背後的動機，遠遠超乎金錢帶來的成就、能看到的個人利益，或者常見於經濟學論文及工商管理教科書內的抽象社會契約。信仰能使基督徒企業領袖看到一個格外廣闊的世界——一個天主一直工作的世界。在這個世界裏，企業領袖的個人利益和欲望，並非唯一推動力。教會的訓導啟發了基督徒企業領袖去視天主在祂的受造界中一直在工作，也視他們自己的使命是被召喚去直接、恭敬地貢獻此受造界。

⑯ 教會和基督宗教商業機構一起支持和引導企業領袖在世上活出《福音》精神。[72] 若然沒有這些實踐者和組織過去及今天的支持，天主教社會傳承便會成為一堆沒有生命的文字，而非生活出來的事實。誠如聖雅各伯所說：「信德就是這樣，若沒有行為，自身便是死的」。（雅 2:17）

⑰ 可惜，有些商界中的信友不但沒有為自己的信仰及道德信念作見證，更遑論受到任何啟發。社會上發生很多涉及商業精英的醜聞，他們濫用職權與領袖地位，屈服於驕傲、貪婪、迷色等等之罪

Klaus Pichler (www.pichlerphoto.ch) 攝

72 這些組織包括公教企業管理人員協會國際聯盟（UNIAPAC）及其爲附屬機構，「依納爵企業分會」（Ignatian Business Chapters）、「工商界基督徒」（Christians in Commerce），以及新興運動如普世博愛運動（Focolare）之「共融經濟」、「共融及解放運動（Compagnia delle Opere initiatives of Comunione e Liberazione）」，或一些投資者集團如：「企業責任跨宗教中心」（Interfaith Center for Corporate Responsibility）、以及其他類似組織及運動。

惡[73]，令人痛心。除了這些，同樣可悲的是，一些基督徒雖然沒有做過違法的事或爆出醜聞，但他們卻隨俗浮沉，生活猶如天主不存在一樣，對我們時代中的社會悲劇、生態悲劇表現出「漠不關心」[74]。他們不僅生活在俗世，而且已變成屬於俗世。當基督徒企業領袖未能在自己的機構中活出《福音》，那麼他們的生命「不僅未將天主及宗教的真面目，予以揭示，反而加以掩蔽」。[75]

⑱ 信仰具有社會意義，而非只屬私事。教會的社會訓導「亦是基督徒訊息的重要部分，事關社會教義指出了基督訊息在社會中的直接效果，並把針對公義所作的日常努力與奮鬥理解成『為救主基督作證』」。[76] 教會的社會原則要求企業領袖起來行動，見及今天環境挑戰重重，企業領袖如何應對，比任何時期都來得重要。

---

73 回應宗主教巴爾多祿茂之發言，教宗方濟各也敦促「每人均需要因自己對地球所作的傷害而懺悔」：「爲人類而言……破壞了天主創造生物的多元性：他們使氣候改變、剝奪森林資源、破壞濕地，使大地的完整性受損；他們污染了地球上的水、土地、空氣和生命——這全是罪。」因爲「對大自然所犯的罪就是對我們自己和對天主所犯的罪。」（《願祢受讚頌》，8）

74《願祢受讚頌》通諭，25。教宗方濟各繼續提醒我們：「（面對這環境危機）蓄意阻撓者的態度，甚至有一些信徒也持有同樣的態度，由完全否定問題的存在，到漠不關心、若無其事，或對科技的盲目信賴。」（《願祢受讚頌》通諭，14）。

75《論教會在現代世界牧職憲章》，19。

76《百年》通諭，5。

行動是領受

⑥⑨ 榮休教宗本篤十六世在他的《在真理中實踐愛德》通諭中，提出了他對行動的觀點，他解釋愛德——「愛在於受授」——是教會社會訓導的重中之重；[77] 愛德「是促進每個人及人類真正發展的主要動力」，[78] 因此每當我們談及企業領袖的行動時，也意味是他們的「受」（領受）與「授」（交付）行動。教宗方濟各贊同之餘亦寫道：「我們被召叫在勞作的定義中納入領受和不求賞報這幅度，它有別於純粹的不活動，那是另一種行動方式，是人的本性之一。」[79]

77《在眞理中實踐愛德》通諭，5。

78《在眞理中實踐愛德》通諭，1。

79《願祢受讚頌》通諭，237。

⑦⓪ **領受**：企業領袖——包括所有基督徒——的第一個行動是領受，更具體的說，是*領受天主為他所做的一切*。這個表現領受能力的行動，可以是十分困難的，對企業領袖而言更加困難。作為一個群體，企業領袖們往往傾向採取主動，多於被動領受，特別在今日經濟全球化的情況下，以及受制於先進通訊科技，和企業金融化的影響。可是，當企業領袖生命中的領受能力不足時，他們便很容易被某種「超人情意結」所誘惑，那些已受惑的人會自以為能夠*決定*和*訂立*自己的原則，不用*領受*別的原則。[80] 企業領袖也許認為自己是有創意、創新、主動及積極的人，但當他們忽略了領受的幅度時，他們便會扭曲了自己在世上的應擔當的角色，同時亦會過分高估自己的個人成就和工作。

⑦① 本篤出任教宗前曾寫道：個人「之感受其生存的最深意義，並不在於他成就了什麼，而在於他所領受了什麼」。[81] 的確，單憑個人成就只能達致局部的圓滿，故此人也需明白領受能力的力量和恩寵。拒絕領受乃來自我們的起源——亞當與厄娃違命的故事——當天主命令他們不可吃「知善惡樹上的果子」(創 2:17)。道德戒律是天主所賜予，我們只能領受。[82] 上述對教會社會原則的解釋，是教會對這商業道德律的反省。當企業領袖領受他們的使命時，他們同時也對領受促進受企業影響的人士整體發展的原則開放。

⑦② 當靈修生活的恩賜被行動生活所接收和融合時，這些恩賜為我們提供了——特別是工作中——擺脫「分裂生活」，及人性化我們所

---

80 尼采《善惡與彼岸》(Friedrlch Nietzshe, Beyond Good and Evil，Oxford: Oxford University Press, 1998, 154)。教宗方濟各稱這問題爲一種「當代白拉奇論」；可參閱他的《你們要歡喜踴躍》宗座勸諭（Gaudete et Exsultate）(2018)，47ff。

81 若瑟．拉辛格《基督宗教導論》，(Introduction to Christianity, trans. J. R. Foster (San Francisco: Ignatius Press, 1990, 266)。

82 若望保祿二世《眞理的光輝》通諭（1993)，35。

需的恩寵。教會呼籲基督徒商業領袖去領受聖事、擁抱《聖經》、接受《聖經》的啟發、守安息日、祈禱、默觀受造界[83] 在靜默中參與不同的靈修生活。[84] 這些都不是基督徒可有可無的行動選擇，亦不是與營商切割，及完全無關痛癢的私人行動，譬如修和聖事能激發我們承認過失，這種自我批評，也許會改變我們的內心和思想，讓我們從教訓中學習。

⑦③ 安息日不僅是放低工作的休息日，遠離工作有助我們審視工作的最深層意義，借用教宗本篤的話：「《聖經》對工作的教導桂冠歸於命令人休息的誡命。」[85] 在天主內，憩息能把我們的工作放在一個新的境界——即天主豐盛恩賜的受造界不斷開展的境界。參加感恩聖祭，不是從商業世界*出逃*，而是騰出一個空間，讓我們更深入觀察世界的*現狀*，默觀天主的創造工程。天主的啟示，只能領受而無法靠己力爭取得到，這啟示向我們揭示了天主的聖神滲透物質性，恩寵原來可以令大自然變得完善，參與感恩聖祭可令我們的工作變得聖潔。教宗方濟各認為「在星期天參與感恩聖祭

83 「對信徒來說，默觀受造界，就是聆聽訊息，但聽到的卻是靜默無語。」（《願祢受讚頌》，85）。也參閱《天主教教理》，340。

84 我們從基督徒靈修生活所領受的，感動了信衆去滿全自己的本分，而成爲天主化工的保護者、促進跨世代的公義與公益、團結關懷最貧窮的弟兄姐妹一起生活（參閱《願祢受讚頌》，217，159，158）。

85 本篤十六世，「人是工作的主體及主角」，大聖若瑟瞻禮日講道，2006 年 3 月 19 日，梵蒂岡。http://www.vatican.va/content/benedict-xvi/en/homilies/2006/documents/hf_ben-xvi_hom_20060319_lavoratori.html

有其獨特的重要性。星期天，一如猶太人的安息日，是我們與天主關係修復的日子，同樣也修復與自己、與他人及與世界的關係的日子。……因此，基督信仰靈修將憩息和慶祝的價值納入其中。然而，人類一向把默觀性的憩息貶低或貶義為既無生產力，又無必要，因此忘記了有關勞作最重要的一環：勞作本身的意義。……休息開啟我們的眼目，得見更宏觀的視野，也更新我們對他人的權益的敏銳度。因此以感恩聖祭為中心的安息日，將能夠光照一週七天，並激勵我們更關懷大自然和窮人。」[86] 這就是為何聖體聖事是安息日最深邃的表達。在聖體聖事中，我們可以最親切、最深刻地體會「人的工程」與天主救恩工程的合作。人的工程因天主的工程而得以提升，餅酒轉化成「真實臨在」，而這臨在確實擁有救贖世界的大能 。[87]

⑭ 我們日常生活中的神聖面向會被隱藏和壓制，尤其是在全球化、高科技和金融驅動的經濟環境，以及那些教會未能成功宣講及活出她社會信息的地方。這就是為何聖若望保祿要求企業領袖及員工在工作中發揚靈修精神，使他們得以看到自己在天主的創世計劃和救恩計劃中的角色，並且賦予他們力量和德行去活出祂的召叫。[88] 然而，教宗方濟各解釋：「朝拜聖體、求教知心的聖言、與主懇談，都是寶貴時刻。若不給予充分的長度，我們工作的意義很容易被淘空；因疲乏和困難，精力會流失，熱忱會冷卻。」[89] 若然沒有深邃靈修、默觀及默想，我們便很難看到企業領袖如何抵禦信息科技的負面影響，儘管信息科技提高了速度與效率，但卻犧牲了深刻的反省、耐性、公義及實踐智慧。

86《願祢受讚頌》通諭，237。

87 參閱若望保祿二世，《上主的日子》宗座牧函（1998）。

88《論人的工作》通諭，24。

89《福音的喜樂》，262。

行動是交付

(75) 交付：教會要求企業領導人的第二個行動，以交付的方式來回應原先領受的。這交付從不只是最低的法律門檻，但必須是一個真正的切入點——與他人在共融中建設一個美好新世界。個人的「自我交付」從不問「*必須交付多少，只問可以交付多少*」。[90] 交付驅使商業領袖去深入反思自己的使命：領受天主的愛如何激活企業與相關持份者的關係？怎樣的企業政策及措施，方可促進人們在當下及未來世代全面發展？

(76) 我們留意到商業領袖通過製造和供應產品與服務來交付自己，因他們組織了良好和富成效的工作，創造了可持續的財富，並作公

---

90 巴爾塔薩《基督徒的生活態度》（Hans Urs von Balthasar, The Christian State of Life, San Francisco: Ignatius Press, 1983.48）。

正分配。教會的社會原則有助將商界導向一系列可促進人們全面發展的舉措，即促進個人責任、創新、公平定價、公正薪酬、人性化的工種設計、保護環境的業務，及社會責任投資等的實踐及政策。此外，還需要審慎地將社會原則應用於招聘、解僱、所有權、董事局管治、員工培訓、領導才能培育、供應商關係，及許多其他議題上。

⑰ 除了以上提及的內部機遇外，在較重大議題上，企業領袖（與政府和非政府組織聯手）亦可以發揮影響力，例如國際監管、反貪措施、透明度、稅務政策、環保標準及勞工標準。如此影響力，無論是個人或集體運用，只應該用於促進人性尊嚴和公益，而非為某位持份者謀取私利。

基督徒的行動使命

Klaus Pichler (www.pichlerphoto.ch) 攝

⑱ 教會的本分是為商業領袖提供決策所需的基本原則及實用原則，而非制定任何具體行動。制定方針乃屬於從業員和專家顧問的職責，一般主要由平信徒負責執行。教會訓導當局沒有任何解決方案可以提供，也沒有任何操作模型可以介紹，不過教會教導我們：「捨福音之外，『社會問題 』便無真正解決之道」。[91] 當教宗和主教——教會的正式導師——向企業領袖講授教會的社會訓導時，目的不是為了加重他們的負擔，而是為了向他們揭示商業行為在靈修上的重要性，以及商業作為一個制度的意義。榮休教宗本篤十六世在他的《在真理中實踐愛德》通諭中提醒大家：「人們在世的行動，若由愛德啟發並支援，能說明建設天主的普世神

91《百年》通諭，5。

國，這正是人類大家庭歷史所趨向的」。[92] 當《福音》告知商業領袖，我們正面對日益全球化、科技化和金融化的經濟的新環境時，《福音》看到的是新環境不僅影響科技及市場層面，還看到對個人全面發展的影響。

⑲ 這就是為何在基督徒企業領袖的使命中，實踐德行是重要的一環，特別是智德和義德。於處理日常事務時，精明的企業領袖會正直行事，以具體的實踐及政策來培養智德，而非靠抽象的企業使命聲明。*實踐智慧*理應如此，將行之有效及公正的辦事方式制度化，以促進與持份者的正當關係，巧妙地實踐教會社會原則，使企業變得人性化，世界確實需要企業領袖具有如此獨特的智慧。

⑳ 當企業領袖面對特定問題，需要針對性的解決方案時，他們會根據「*慎重*評估個別的實況」來採取行動。[93] 這種慎重的判斷，並非只是基於市場或技術層面的評估。智慧往往淪為企業領袖攫取私利益的小聰明。若然脫離公義的要求，這絕對不是明智的德行，而是罪。真正的智德貫穿企業領袖的思維，使他們得以在適當時候提出適當的問題、辨別最佳的行動方針，以建立良好公正的企業造福社會。健全的家族企業也可以在多方面表現這明智，他們以長遠計管理資產，而非只看短期利潤。為了讓下一代做好接班的準備，他們會向下一代傳授自己對企業的願景和價值觀。由於家族的聲譽與興衰攸關，這些企業在身處的社區——當代和後代子孫的共同家園——會負責任地行事。

---

92 《百年》通諭，7。

93 《在真理中實踐愛德》，47。

⑧1 培養一個明智的頭腦，企業領袖需要清楚了解組織可用的資源，並了解公司自身的獨特情況。實踐智慧要求根據手頭上可用的辦法和資源，將道德社會原則中的「*應該做*」轉化成實際、可實現及具體的行動選項。例如關於生計工資的明智而實用教導，一般必然包含一個意思，這生計工資是企業能夠負擔的。可是，若一家企業未能即時負擔僱員的生計工資，有道德的商人不會就此罷手而屈從市場力量。反之，他們會重新審視自己的營商手法，並構思新的辦法，去扭轉當前形勢，以使與僱員保持合適的關係。這類行動可以是更改工作安排、更改工種設計、轉戰其他產品市場，又或是重新考慮將「補償性薪酬差別」加入薪酬架構內。若然經過多番努力，公司依然未能給出公正的工資來，那麼補助津貼的角色便落在間接僱主（如政府、工會和其他補助機構）身上了。[94]

94 若望保祿二世首創造「間接僱主」一詞，對商界人士是一件重要的事實（《論人的工作》通諭，19）。若然由於超級競爭或其他因素，一個經濟制度是會懲罰公道對待工人而非獎勵的話，那麼我們很難期望營造一個安全公道的工作環境。例如：賺取生活工資的權利人人有責，而非獨是直接僱主之責。若然某一家公司在一個價格敏感度非常高及商品化的市場裡經營，它面對削減勞動成本的壓力便會十分巨大，以致限制了僱主支付所謂市場工資——也許低於生活工資或家庭工資。在這種經濟制度下，僱主可能感到迫於無奈而不得不付較低的工資、減少福利、任由工作環境變差，以維持行業中的市場競爭力。若不這樣做的話，那家企業在競爭力便會處於劣勢。無論直接僱主多麼願意付生活工資或家庭工資，他們要麼照樣付市價工資，要麼關門大吉。這種情況在發達國家中依然存在，但在發展中國家最爲明顯，後者的勞工保障少得可憐、工會被壓制、勞動人口過剩。故此，「間接僱主」在釐定薪酬上至關重要的。

⑧② 雖然間接僱主在經濟中的確舉足輕重，但始終不可取代直接僱主的責任，例如公司絕對不能把責任全部推卸給法律或合約條文。身為直接僱主，企業領袖應以實踐智慧與公義，助他理解企業社會責任在經濟日益全球化當中的重要性。在我們這個歷史時刻，如榮休教宗本篤十六世所言：「越來越多的人同意：*企業的運作不能只關注企業主人的利益，也該關注所有其他對企業有貢獻的人的利益*，包括個人，顧客，供應生產材料者，有關的鄰社等」。[95] 這越來越普遍的觀點，已催生了大量關於商業倫理和企業社會責任的理論及實際行動，以及社會企業的出現。在許多國家，我們看到地區性、全國性或國際性的商會及聯盟分會，正在輔助企業進行自我監管。不少保障客戶、保障僱員、環保的條例是根據業界的實際情況而訂立的，儘管尚需要政府立法來加強力度。企業家的實踐智慧在這方面扮演一個重要角色，也特別顯示天主教的社會傳承，對上述不同領域的反思及行動有所裨益，並且有所貢獻。

⑧③ 當商業道德和企業社會責任被利用，去做與教會的社會訓導背道而馳的事情時，結果令我們從「人是『按照天主的肖像』（創 1:27 ）而受造」這正確的認識切割出去，也令我們不再尊重「那不容侵犯的人性尊嚴，以及自然倫理律的超越價值。一個脫離了這兩個基礎的經濟道德，必然會失去其本身的意義，並會成為被人利用的工具」[96]。若不紮根在人類文化的深厚土壤，商業道德和企業社會責任很容易會被濫用，去作一些無助促進企業內人性整全發展的用途。

95 參閱《在真理中實踐愛德》，40。

96《在真理中實踐愛德》通諭，45。

⑧④ 交付與領受表達了行動生活與默觀生活兩者之間的互補性。這兩個我們生命的基本幅度，雖然原則上沒有堅持要求達致平衡，但要求兩者需要深深整合，這整合乃源於我們意識到自己確實需要天主、及天主為我們做了偉大的事情。作為回報，天主亦要求我們充當祂的手和足，延續祂的受造界，為眾人改善受造界。對企業領袖而言，他們需要（一）出品真正良好的產品和真正優質的服務、（二）安排員工能發揮天賦與才華的工作、（三）創造可以公正分配的可持續財富，而不忘尊重我們的共同家園。（請參閱附錄企業領袖之明辨清單內的「企業領袖的良心省察」，從日常生活中反省上述三個目標。）

Vocation of the Business Leader

第四章

培育道德企業領袖

教會之善

⑧⑤ 總結這次的反省，我們得承認企業領袖面對的挑戰是實在的，「自我懷疑」也許會動搖他們對將《福音》融入日常工作的信心。承受着重重壓力，企業領袖也想了解，教會的社會傳承能否為他們的職業生活提供指引。

⑧⑥ 企業領袖需要打開胸襟，接受生活教會同工的支援與指正；在回應自己的疑慮與猶豫時，不要抱有恐懼或悲觀情緒，但要懷着源於自己使命的德行：

- **懷着信德**：使人在衡量自己行動時，不再單單按照對利潤造成的影響程度，而改為按照更廣泛意義的影響、如何與他人合作、對自己及世界（兩者皆為天主永續創造一份子）的影響。

- 懷着望德：盼望將來決定他們的工作與機構的，不再是市場力量或法律概念，而是為天主國度作見證的行動。

- 懷着愛德：使人明白他們的工作不是一件只關乎私利的事情，而是培養人際關係、建立人的團體的行動。

⑧⑦ 若要活出他們的使命，猶如忠實管家般回應召叫一樣，企業領袖需在一個家庭觀念深厚、宗教氣氛濃厚的文化中接受培育，藉此看見他們能行、該行的「善」的蘊藏價值與光明前景——完全只此一家的「善」。家庭、教會和學校是培育企業領袖的重要機構。一如常人，基督徒企業領袖之所以來到世上，完全是天主賜予我們生命恩寵的結果，絕非根據任何契約或市場交易。從來沒有人是生在企業的，人只生在家庭中，然後在聖堂內領洗、學校內受教育，以及被團體接納。故此，教宗方濟各提醒我們：「在整體的生態環境中，家庭是主要的行事者，因為家庭是社會主要的行事者，蘊藏人類文明的兩個基本原則——團結共融的原則，以及生育繁殖的原則。」[97]

97 方濟各《愛的喜樂》世界主教會議後宗座勸諭（2016），277。

大學之道

⑧⑧ 大學教育是培育企業領袖的一個關鍵環節，未來的企業領袖一般會在大學初次接觸到商業經驗、技巧、原理和目的。全球大約有1,800 家高等教育機構，其中約 800 家提供商科課程，而教會本身亦有投身於培育未來企業領袖，其中有些課程的排名還躋身世界頂尖之列。教會的高等教育機構提供的商科教育，理應是在信仰與理性之間，尋求在知識上的一致及內涵豐富的交談，以為未來企業領袖提供資源，應對在商業及更廣泛的文化所帶來的新挑戰。[98] 培育是終生的任務，企業領袖可以不斷透過正式渠道以外的方式滋養自己的使命，建立同事間的友情，在合適的協會、商科院校校友人脈、及其他類似大學先修班的小組中結交朋友。

⑧⑨ 一如其他專業教育，商科教育不是純粹特殊技能或理論的訓練。忠於自己傳承，天主教高等教育應是天主教道德倫理訓導和社會

98 參閱若望保祿二世宗座憲章《天主教大學憲章》(Ex Corde ecclesiae)(1990)。

原則的培育，同時也應是商業上智德和義德幅度的培育。理想的商科教育包括了所有合適的理論教材、所有相關技能的訓練、為專業事務注入生命的教會倫理訓導，以及社會原則上的全面探討，*過分側重其中一環，並不能彌補在另一環上的忽視。*

⑽ 在我們這個時代中，商科學生精通厲害的理論，技能上訓練有素；但不幸的是，有些學生在離開大學校門時，竟然沒有接受過確保知識和技能善用於他人福祉，及支持公益的道德和靈修培育！的確，有些學生畢業時接受過的所謂培育，只會令他們更容易患上「分裂生活」，而非為「整全生活」打好基礎。對於加強這些學生的培育、教育他們成為堅持原則及出色的企業領袖，本書內提出的意見應可出一分力，值得大家參考。老師需啟發學生去發掘自己內在的善、追隨自己的使命，以專業技能及判斷作為造福世界的力量。

⑼ 企業家、企業管理人員、所有商界人士應該被鼓勵去尊重自己的工作、把工作看成是真正的使命、以真實的門徒精神來回應天主的召叫，若然做到這幾點，他們便是參與了一項事奉弟兄姊妹的高尚事業，同時也參與建立天主的國度。本書內的反省旨在給予企業領袖啟發和鼓勵，也在此呼籲他們在工作中不斷深化自己虔誠的心。平信徒領袖及商界專業人士在施行教會社會訓導上提供的許多意見，也大大啟發了我們。為此，我們邀請堂區及教區的教育工作者及教理班導師，特別是商科教育工作者，希望他們能陪伴學生一起善用本書作出反省，並啟發他們去尊重和推動人性尊嚴，以及在日常管理工作中追求公益。我們希望本書內的反省內容，能在企業和大學裏引起討論，讓企業領袖、大學教授和學生*觀察*職場出現的挑戰與機遇；按教會的社會原則*判斷*這些挑戰與機遇；並仿照事奉天主的企業領袖作出*行動*。

附錄

企業領袖之明辨清單

企業領袖的良心省察

- 我是否理解工作為天主的恩賜？
- 我的「參贊化育者」工作是否真正參與天主原來及永續的創造行動？
- 我有否用我的工作來推動「生活的文化」？
- 我有否偶爾暫時停止「做」事，好能默觀天主的受造界，希望藉此找到新力量？
- 我過着的是「整全生活」還是「分裂生活」呢？我有否把福音原則從工作中切割出去？
- 我有否定期領聖事，並留意聖事如何支援和引導我的辦公方法？
- 我有否借助修和聖事誠實地、謙卑地反省那些辦公方法？
- 當我讀聖經和祈禱時，是否懷着拒絕被「分裂生活」荼毒的意志？
- 我有否與其他基督徒商界人士（同事）分享自己的靈修之路？
- 我有否借助更深入認識教會社會訓導，希望藉此滋養自己的職業生活呢？

- 我有否尊重別人的個人尊嚴，以及他們在萬物中及在我們的共同家園內的整全發展呢？

滿足世人需求

- 我是在創造財富，還是只在參與尋租行為？
- 我是否真心接受公平競爭的市場經濟，還是在從事反競爭的行徑？
- 我的企業是否支持和遵守有益世界的資訊監管，還是為了私利而企圖逃避或破壞合法的監管？
- 我的公司是否盡一切努力為自己所造成的「界外效應」（譯者按：成本社會化，利潤私有化，公司行為對他人造成影響而沒有作出補償），或意外後果（如環境破壞、或對供應商、當地社區、甚至競爭對手造成的負面影響）承擔責任？
- 我是否認同壯大和活躍的「間接僱主」在確保勞工保障及社區對話上的重要性？
- 在企業規劃中，我是否給科技和財務的考慮分配了適如其份的比重，還是讓它們蓋過對公益的關注？
- 我會否定期評估企業的產品及服務在多大程度上照顧到真正人性需求，及推動責任消費？
- 我的企業決策有否考慮個人的人性尊嚴？有否尊重天主的創造（以藉此在企業內促進整全人性發展）？我會否拒絕作出「視眾人和大自然純粹是可利用之物」的決策？

組織良好兼具實質成效的工作

- 我提供的工作環境，是否容許各職級的僱員均享有適當的自主？換言之，在我策劃人力資源時，有否牢記着公司管理系統中的上下輔助原則和團結關懷？
- 我企業的職位和職責設計，是否為了善用個別崗位工人的所有天賦與才能？

- 在僱員的聘用及培訓上，是否按照他們的勝任能力？
- 職責與責任範圍是否清晰界定？
- 我有否確保企業提供安全的工作環境、生活工資、培訓，及容許員工有結社的機會？
- 我有否界定了公司的道德原則，並將它們納入在績效考核的程序內？我有否坦白告訴員工他們的工作表現？
- 在我公司有生意的國家中，公司是否尊重僱員及間接受僱人士的尊嚴？公司有否為當地的社區發展作出過力？（我是否在各地遵守相同的道德標準？）
- 我有否把所有員工的尊嚴、對大自然的尊重放在利潤之上？
- 為了充分考慮在環境及社會影響，我的企業對成本與利潤上的估算夠長遠嗎？

創造可持續財富並公正分配

- 身為企業領袖，我有否想盡辦法去交出成績：投資者公道的回報、僱員公道的工資、顧客和供應商公道的價錢、當地社區公正的稅收？我公司有否獎勵所有有份貢獻公司成功的參與者和持份者，而非單是公司的擁有人呢？
- 我公司有否通過定期、如實報告的財務報表，以履行投資者及當地社區所託的全部受信責任？
- 在預期未來的經濟困難下，我公司有否照顧僱員的就業能力，為他們提供適當的培訓及不同工種的工作經驗？
- 因經濟困難，需要遣散員工時，我公司有否提供足夠的預先通知、僱員過渡援助及遣散費？
- 我公司有否盡力減少或消除營運造成的廢物，貫徹始終地承擔起對大自然環境的責任？
- 我有否想辦法透過公司採購所需物資的方式，以改善眾人的生活呢？

撮要

- 身為一位基督徒企業領袖，我有否在我影響所及的範圍內，促進人性尊嚴和公益？
- 我有否支持生命的文化、公義、國際監管、透明度、公民／環境／勞工的標準，及反貪污？
- 我有否在自己公司及其影響範圍內，促進個人整全發展和對大自然的尊重？
- 我是否願意接受——在我的個人生命裏、我的企業角色上、我有份參與兼具影響力的社區中——朝向更宏大的美善和聖潔所帶來的挑戰？[99]

99 教宗方濟各之《你們要歡喜踴躍》宗座勸諭（2018 年 4 月）建議「成聖」是每一個人日常生活的目標，而非在某特殊時刻內小撮人的特徵。教宗不厭其煩的解釋及振奮人心的教會，爲企業領袖的使命一書錦上添花。

社會商業創新——先進企業

歐辛吉斯（Eleanor O'Higgins）、拉茨羅・索而奈（László Zsolnai）

本論文挑選了幾家我們認定為「先進企業」的模範公司，進行簡單的案例研究。「先進企業」可理解為生態可持續、尊重未來、親社會型企業。它們的商業模式採納先進的營商手法，並採用社會創新方法。案例公司涉及的行業包括良心及可持續銀行、手工咖啡生產及分銷、保險、潔淨科技、零售和消費品。本論文內的案例分析旨在證明，社會創新對於有意在 21 世紀尋求蓬勃發展的企業是切實可行的。

文中提及的企業與許多主流企業對比下，或有助突顯後者的商業模式如何妨礙企業本身的社會性與環境性之可持續發展。

先進企業的可持續性

在筆者合著的《漸進式商業模式》（O'Higgins 和 Zsolnai，2017 年）一書中，我們收集了先進企業案例的相關資料並進行分析，先進企業定義為生態可持續的、尊重未來、親社會型企業。先進企業的宗旨在於保持財務盈利能力和穩健之餘，透過採取符合創造「社會／生態價值」的社會創新，以事奉大自然、未來世代和社會。（Ims 及 Zsolnai，2014 年；Thompson，2017 年）

筆者提倡先進企業模式這概念，以實現人類與地球——我們的共同家園——之間的可持續關係，或至少向前踏出一步，採用社會創新為全社會整體創造價值，而非局限於個別持份者。實際上，先進企業模式也解釋了相關企業所作的決策。（Casadesus-Masanell 及 Ricart，2011 年）本文的模範案例的本質，革新性、可持續性和社會責任性，均體現於具有它們商業模式特色的決策中：

價值主張——為顧客提供什麼益處或價值；

政策——如何決定跨部門營運方式，包括內部及外部持份者；

資產——企業決定擁有和運用什麼資源；

管治——如何行使權力及決策。

先進企業

本文選用的先進企業包括多個行業和國家：特里多斯銀行（Triodos Bank，良心及可持續發展銀行，荷蘭／跨國），意利咖啡（illy café，手工咖啡生產和分銷，意大利／國際），DKV Integralia（醫療保險，西班牙），Lumituuli（潔淨科技，芬蘭），約翰路易斯合伙公司（JLP，零售，英國）及聯合利華（Unilever，消費品，英國／荷蘭／全球）。

特里多斯銀行是一家荷蘭銀行，在四個歐洲國家設有分行。該銀行成立於 1980 年，使命是運用金錢推動正面的社會、環境和文化改革。特里多斯銀行這一使命落實為一套所有員工都需遵循的企業原則。這套原則促進可持續發展、奉公守法、尊重人權和環境、問責制和不斷求進。這套原則同時也配合了實際工作程序，例如有關銀行環境績效的內部和外部審計及報告。獎金並不是薪酬的一部分。該銀行相信員工的行為，取決於他們內在的價值基礎動機。銀行也訂立了符合這套原則的舉報人政策。

特里多斯銀行所提供融資及投資的公司、機構和項目，必須符合銀行的生態、社會和文化準則。銀行的原則完全反映在貸款申請決策的程序中。一般而言，不被銀行接受的貸款申請，主要涉及妨礙可持續社會發展的產品和服務、或商業流程。具體來說，凡涉及產品和服務、或流程超過 5% 不可持續的組織、企業或項目，都不能獲得特里多斯銀行的貸款。

特里多斯銀行的運作是高度透明的，銀行網站披露了它的投資組合，方便存戶及投資者追蹤資金的去向。特里多斯銀行也有把自己的資金投資在幾隻自營的綠色基金，這些基金亦有替社會責任投資項目提供額外的融資工具。這些基金投資的地方包括小額信貸、可持續貿易、有機農業、氣候緩解、可持續能源、房地產、藝術品、文化等等。

意利咖啡是一家位於意大利第里雅斯特的家族企業，在全球五大洲 140 多個國家生產並銷售其獨家的單品咖啡。這一頂尖單品咖啡的成功，深深植根於該企業與農民之間的緊密合作關係。意利咖啡直接從南美州、中美洲、印度、中國和非洲等優質咖啡豆產地的農民手中購買咖啡豆，而它付給當地農民的報酬較阿拉比卡咖啡豆的市價還要高出 30%-35%。

意利咖啡與農民間的長期互利合作夥伴關係，包含了一個基於四項原則的可持續發展良性循環：（一）可持續發展與高品質是密不可分的一對；（二）意利咖啡是百分百直接向本地生產者收購；（三）假以時日，良好品質是改善農民生活條件的工具；（四）意利咖啡的出價向來是公平的。

與支持公司的持份者保持聯繫，是意利咖啡供應鏈管理的重要特徵，也是公司整體價值主張的一環，目的是通過多項舉措，以發展及宣揚咖啡文化，其中包括與當代藝術界的持續互動。

DKV Integralia 是隸屬於歐洲首屈一指的醫保公司——慕尼黑醫保公司——麾下的西班牙分公司，它的辦事處和保險顧問公司網絡遍布全西班牙，服務 160 萬客戶。DKV 的商業模式圍繞着「真正關心您」的核心理念，這價值主張是基於兩項原則，與主要持份者的開放合作、及參與性長期關係。

DKV 是西班牙國內僱用弱能員工比例最高（29%）的一家公司。DKV 的目標不僅是聘用弱能人士，還要培訓他們、協助他們能在其他公司找到工作，同時宣揚讓弱能人士融入企業的文化。DKV 西班牙分公司通過四個目標落實其合作式商業模式：

一） 成為共同負責客戶健康的最佳公司；

二） 提供超出客戶預期的服務；

三） 成為模範組織；

四） 成為創新、開放和負責的企業。

Lumituuli 是一家由客戶擁有的芬蘭風力發電廠，其主要業務包括調試和營運風力發電機，並主要通過向一般公眾發行股份來為這些項目融資。它產出的電力不僅銷售給公司超過 1,200 名股東，其中大部分是普通公民，也包括其他公司、社團和市政府。

Lumituuli 的最終目的是，提升公眾對風能潛力的認知。這家企業的活動有助減少化石燃料的使用、減少碳排放、促進經濟中可再生資源的轉化。為了擴大業務範圍，該公司還透過公開發債集資，讓公眾無需光顧他們的產電，也可以直接投資建設新的風力渦輪機。

約翰路易斯合伙公司（JLP）是一家由員工擁有的英國零售商，在英國各地經營 42 家旗下百貨公司、328 家 Waitrose 超市、一家線上及目錄郵購公司、一個生產單位和一家農場。這家企業由一家代表全部 9 萬名長期職工的信託基金（也稱「合夥人」）所持有，這些職工在業務經營中擁有發言權，並能分享年終利潤——通常是主要的額外薪金。

JLP 章程規定「合夥人的幸福」才是機構的最終目的，而且深知這「幸福」取決於能在成功企業中擁有一份稱心滿意的工作。JLP 還建立了一套權利和責任制度，這制度把一個義務加諸在所有合夥人身上，要求大家為改善業務而努力工作，因為大家都清楚成功的成果人人有份。JLP 的章程還訂明了管理合夥企業的機制，其中加入了制衡機制，以確保問責、透明度和誠信。

聯合利華是一家英荷全球消費品公司，其「可持續生活計劃」包括三個主要目標：改善身心健康、減少對環境的影響、提高生活質量。聯合利華與多個非政府組織合作，為各種挑戰尋找解決方案，包括確保安全飲用水、對抗病毒、改良產品包裝、可持續洗滌產品、儲存可再生能源，以及改變消費者行為朝向更平衡的方向。保羅・波爾曼（自 2009 年起出任行政總裁）取消了企業的盈利預測指引和季度業績報告，並謝絕了對沖基金的投資，從而改變了聯合利華的經營方式。波爾曼重新定義行政總裁的角色為一位政治家——一個負責任、正直、成功管理生意的人。聯合利華當然不能保證目標一定能成功實現，它面對的最大挑戰是在目下自己創新的商業模式中，如何管理與當前資本市場的商業關係。

先進企業的主要特徵

雖然各家先進企業的商業模式在結構上各有不同，但就先進性而言，它們仍可以憑藉許多共同特徵加以界定。筆者在本節中總結了七個特徵。

1. 幾何級數型

先進企業的商業模式與傳統模式截然不同，即它們的野心是追求幾何級數的改變，而不是簡單的循序漸進改良。（Volans，2016 年）願景的模式與目前的模式的對比是改弦易轍的，（Haslam，2016 年）涉及重新表述、甚至完全打破基本信念和挑戰傳統思維。（de Jong 及 van Dijk，2015 年）實現這變革需要進行「雙迴圈學習」，擠出基本假設的轉化以達致改革，而不是「單迴圈學習」——即局限於現有框架內進行改革。（Yunus 等，2016 年）

幾何級數型商業模式的改造，可以是在擁有權上的大膽創新，如 JLP 的例子，由其創始人約翰・路易士的兒子 Spedan Lewis 在 1928 年捐贈給其員工，現在該公司由一家代表這些員工的信託基金所持有。例子二：Lumituuli 是一家由公司顧客擁有的合夥企業，這形式在能源業並不常見。例子三：聯合利華則挑戰了傳統的資本市場。

幾何級數型的創新，也可以反映在企業偏離傳統的流程和價值鏈的運作上。特里多斯銀行是解決銀行業人力和生態可持續性問題的先驅。意利咖啡徹底打破了價值鏈中的全部商業流程，從採購可持續咖啡豆，一直至到在加工與分銷方面推行創新。DKV Integralia 試驗不同形式的程序和科技，以推動弱能人士進入勞動市場，同時藉此提升企業的價值主張。

2. 可持續／迂迴／簡約

先進企業的可持續性包含雙重含義，一方面是企業本身的可持續性，即它的思維是長線的。另一方面，先進企業將地球的可持續發展融入商業模式中。拋棄無意義的盲目追捧傳統季度盈利「旋轉木馬」之企業，更有可能找到持續繁榮的喘息空間。以長線思維的經營方法，將使收入和盈利、投資、市值與就業機會取得更出色的表現。（Barton 等，2017 年）

聯合利華是長線思維企業的佼佼者。這家企業取消了向股東提交典型的季度收益報告，同時只招攬長期投資者。幾何級數型企業強調的是，幫助公司取得商業優勢的悠長時間表。其他長線可持續發展方面的努力，也體現在持續不斷的創新上，例子一：意利咖啡在守護完美主義和誠信這兩項基本原則的同時，亦不忘以創新產品和業務安排進行擴張。例子二：JLP 利用資訊技術在外判和分銷方面的前瞻性創新。

先進企業在減少污染和保護可消耗資源的努力中，也明顯有生態可持續性的蹤跡。本文提及的所有先進公司都有為解決環境問題盡過力。Lumituuli 的主要使命是推動芬蘭風力發電的發展，從而通過產出的可再生能源業務以達到節約資源。除了節約資源外，風力發電還可以緩解氣候變化。

特里多斯銀行是世界上第一批在客戶和其他持份者的業務往來中，表現出對自然環境負責的銀行之一，有 65% 的客戶存款投資在可持續項目上。意利咖啡同樣具有環保意識，並已獲得各種環境認證，如環境管理體系認證 ISO 14001、EMAS（生態管理及審核計劃）註冊等，它是全球第一家獲得「責任供應鏈流程」的嚴格要求認證的公司。

3. 接受矛盾

先進企業接受矛盾，他們可以同一時間追求大異其趣的目標（其中有些可能相互衝突），反而因此脫穎而出並獲得競爭優勢。接受矛盾意味管理者不問實施 A 計劃抑或 B 計劃，而應尋找可以同時實施兩者的方法，從而實現看似不可能實現的目標。（Smith 等，2010 年）

DKV Integralia 就是一個典型的例子。僱用弱能人士乍看似乎削弱了企業的生產力，但事實證明與這種傳統觀念恰恰相反，DKV

Integralia 的弱能員工的生產力和熟練程度水準之高，竟然引來同行公司垂涎，DKV Integralia 的弱能員工也不愁在這些公司找不到工作。DKV Integralia 的例子，還說明了當公司試圖追求同步的目標時，接受矛盾如何促進創意、激發活力並得以發揮、營造一個良性循環，藉着「意外收穫」讓公司、員工和光顧公司產品的持份者得益。Lumituuli 是另一個接受矛盾的典範，該企業是一家混合組織——合作社，當中同時包含私營部門及公共部門的責任。

4. 整合

整合意味着企業通過系統性思維來協調其工作活動，而所謂的系統性不僅包括公司內部，還包括業務運作的外部環境。實施整合性方案要求在環境、社會和經濟重點這兩個幅度之間取得平衡。（Szekely 和 Strebel，2013 年）

整合的另一表現就是組織的日常運作方式、吸收了與外部夥伴和持份者的關係，聯合利華與非政府組織的關係就是例證。JLP 方面，在管治層次上包含了所有合夥人的代表，足以構成公司的整合。特里多斯銀行的管治原則——基於遵守法律、重視人權、尊重環境、促進可持續發展、「零花紅文化」——以統一和協調銀行的業務和活動。

5. 社會性導向

先進公司與其他公司不同之處在於將社會影響放在首位、明確社會利潤目標、尋求親社會擁有者。（Yunus 等，2010 年）Lumituuli 作為一家社區企業，它的企業使命、架構及管治均體現了它面向社會的取向。Lumituuli 的最終目標是促進可再生能源的發展，而作為一家合作性質的企業，Lumituuli 並不追求金融利潤。聯合利華也是一個親社會企業的例子，該公司的股東們已經被教育至認識公司應該爭取不止於金融利潤，而更應該擴大野心，為大眾人民生活——發達國家、發展中國家、社區——帶來深遠的社會影響。

DKV Integralia 的親社會性導向，體現在該企業對殘疾勞動者的肯定，不僅將其納入自身的經營活動中，還為他們提供培訓，以便他們在其他公司工作。同樣，在 JLP 這一獨特合夥性質的社會集體中，可以感受到「合夥人的幸福」。不同於傳統的銀行業模式，特里多斯銀行致力於服務社會，可算是銀行業的先驅，因支持促進社區繁榮的小額信貸專案而聞名。

6. 持份者導向

先進公司的持份者模型呈現出「參與性」結構的特徵。（O'Higgins，2010）基於公平、相互依存、彼此關係、對話和信任的持份者管理，這些公司已經與社會的人脈網絡結合在一起。決策的執行，是在與多個利益相關者保持長期持續發展夥伴關係的背景下進行。聯合利華與非政府組織的合作夥伴關係，就是一個很好的例子，比如說它與「雨林聯盟」和政府機構合作，以可持續的方式種植茶葉，確保提高茶園工人的生活質量。上世紀 90 年代，聯合利華參與了「海洋管理委員會」的籌組工作，該委員會後來發展壯大成為可持續漁業的認證機構。

另一個雙贏的合作方案是 Lumituuli 與 Ekosähkö 攜手組成的合夥企業。Ekosähkö 依靠水力發電和生物質能源來產出綠色電力，但它沒有龐大的顧客基礎，另一方面 Lumituuli 則缺乏支撐其高銷量的管理技能。因此，這兩家企業一拍即合，Lumituuli 從 Ekosähkö 購買行政服務和一些電力，兩者合營的合夥企業多年來互惠互利，同時得以增長及發展。

7. 有承擔的領導

先進公司是從上領導的。這一點在企業創辦初期至關重要，而對於成立多時的公司保持先進性，也不容小覷。先進領袖具有明確的願景和方向，他們會採取必要的變革方式，並確保實施漸進性的措施。（Szekely 和 Strebel，2013 年）

所有案例中的先進公司都賴以有遠見、有決心的領袖及團隊的領導和激勵。聯合利華的保羅・波爾曼的願景是整合及多方面的，包涵着管理一家多元業務、持份者參與、龐大跨國企業的複雜性。上層管理對「聯合利華可持續的生活計劃」全心全力的採納和追隨，是全體員工的焦點所在。

結論

本文所研究的先進企業案例，各有特色地顯示了商業機構，其實是可以偏離傳統，在商業模式中採納社會創新方法，以達到在人類與地球——我們的共同家園——的關鍵交叉點上、推動有意義的改變。這些案例展示了如何在這個被認為是「人類世」（Anthropocene）（Waters 等，2016 年）時代中的推手，將企業打造成具有生態意識、尊重未來、親社會型。在這時代中，當我們在生物圈的範圍內運作時，我們人類應該為所有與我們共同擁有這星球的物種作出貢獻。

在全球背景下發展中國的責任型領導

翟博思（Henri-Claude de Bettignies）

摘要

本文重點關注道德與責任型領袖對於追隨者與公司的影響，以及這些影響所導致機構內部的轉變。什麼是轉變的本質？如何令轉變的道德幅度更鮮明，藉此吸引責任型領袖嶄露頭角，成為社會及世界一股向善的力量？鑒於時下的主流經濟模式無法完全落實公平、公正與幸福，這是否中國的一次機會，向世人展現如何以追求公益去配合資本主義的新途徑？

道德的領袖

「道德的領袖」常被視為一個自相矛盾的詞彙，因為現代社會對於政治領袖或商業領袖的信任非常薄弱。「道德的領袖」一詞只不過是自說自話而已，更何況今天的領袖並不見得很道德。

既然有領袖，就必定有追隨者，一個沒有追隨者的領袖，不算是一個真正的領袖。擁有追隨者的領袖代表他也擁有影響力，並且擅於說服追隨者作出某種行為，因此也得對追隨者負上責任。對他人明確地負上責任，帶來了領袖的道德層面，這道德層面正是領導的核心，蘊藏在行使領導的本質之中。這道德層面是合情合理的、亦符合了社會及追隨者的期望。可惜，事與願違，近期事件屢屢出現一些疏於職守的領袖，他們有些或鋃鐺入獄、或被社會制裁、或把追隨者引向災難，甚至把機構推至破產邊沿。無論如何，道德領導力的缺失早晚會傷害他人。

道德領導力不是一種權力標誌，它不僅僅源於被賦予「天命」的帝王、繼承了權力的國王、民選的總統或者董事會任命的行政總裁。任何身處領導地位的人，公眾都期望他是一位道德的領袖。因此，道德的領袖所面對的挑戰，就是當實際情況或個人利益與自己堅守的價值出現衝突、或與追隨者及社會的共同利益發生衝突的時候。教育機構應當裝備領袖或未來領袖某些概念或價值，好能幫助他們解決無可避免的利益衝突，或者去應對面臨的困境。

在社會各階層中的領袖，應該把自己對創造美好未來付出的貢獻，理解為一項蘊藏在領袖地位本質內的明確責任。於是，在任何推動可持續發展的當代運動中，道德領導力自然成為一項先決因素。今天，世界充斥着無數瞬息萬變而棘手的難題，為了引發轉變朝向擴大共同利益的方向，道德領導力必不可少。

在價值的驅使下，領袖們成為變革的推動者。他們訂定出一個願景與一個目標，憑藉兩者賦予追隨者一個值得為某目標奮鬥的意義。發展及培育道德領導力所面臨的挑戰，首先就是把我們這個星球出現變化的狀況，融入責任領袖管理轉變的技巧中（今時今日責任領袖人才難求）。

這就是《觀點》雜誌的兩篇文章之一，這兩篇文章嘗試解答關於責任領導力與變革的兩個問題：「中國的變化會令她的未來更美好嗎？」，以及「商學院是否能夠對此有所貢獻？」在本文中，我在全球背景下審視責任領導力，並特別以中國為參考對象。在下一期中，我會探討商學院是否能夠，以及如何能夠培養願意投身中國變革之旅的責任領袖。

審視變化的背景：以中國為例，過去三十年來，可以說使這個國家成為了觀察變化的最佳實驗室。變化鋪天蓋地地改變着中國，她的風貌、她的城市，而且從某程度上，還有她的人民。在此背景下，培養道德與責任型領袖就成為當前急務，為了達到預期效果，變革需要管理和調控，變革也需要領袖們定立一個有利於他們發揮所長的目的。

「變化」是一個廣泛、影響深遠的題目，它不斷出現在商業管理的刊物中。「變革」亦是環球商業領袖共同關注的議題，而且是政客口中一個常用的潮語。早在 1971 年，我曾經出版過一本關於「變化」的書（翟博思，1971），但問題的關鍵並不是「變化」本身，而是「變化」的管理。變化是大自然的一部分，且顯而易見。我們每天都經歷各式各樣的變化。我們需要應對的真正問題，在於如何管理「變化」，如何借勢利用它的好處，同時控制它附帶的成本與失衡，從而確保它產出理想的結果。

關於「變化」的問題已吸引我多年，我首次探索這個題目要追溯到上世紀 60 年代初，當時我在東京居留了五年，期間試圖理解日本如何向西方選擇性學習，來重建經濟，但同時又小心翼翼地守護本土的獨有傳統與文化。再近期一點，我在 2005 年至 2011 年又花了五年時間在上海生活與工作，期間研究中國的變革、復興、再度崛起成為世界第二大經濟體的過程，以及她如何從一個共產主義國家蛻變成為一個「野性資本主義」的狀況，但始終不脫「中國特色」。

如今，過去三十年來中國經歷的變化速度，使她成為世界上研究變化的最佳環境。當研究這兩個巨人期間，我還第一手目睹另外兩個「變化」的案例。案例一：李光耀如何將新加坡從一片沼澤打造成興旺、富裕的「東方瑞士」。案例二：（事緣自 1988 年起，我每年春季學期都應邀任教史丹福大學商學院），矽谷人如何產生並保持能夠改變我們日常生活的創新泉源。

從這些豐富的經歷當中，我學習到一些重要的經驗：

一) 變化不是某種決定，而是一種需要被管理的進程。變化也需要時間。

二) 領袖在管理變化中責任十分重大。作為榜樣，領袖親身示範了價值，因此他必須「講得出，做得到」，從而培養信任，並構建共同願景。

三) 社會變革意味個體層面的變化。變化從「我」開始，即我的領導行為，我的消費模式，因此教育更顯得非常重要。

四) 變化的步伐正在加速，期間產生了一種緊迫感，因而更有利於引入變化的進程。金融化、數位化與全球化都加速了變化的節奏，導致一個「VUCA 世界」的出現：不穩定（Volatility）、不確定（Uncertainty）、複雜（Complexity）與模糊（Ambiguity）。

五) 若要在國家層面促成變化，發展健全的體制與法治是先決條件。對於很多政府而言，這項任務尤其具挑戰性，因為政府幾乎必定追不上科技演進，及科技演進對社會期望和公民行為的影響。

像中國這種新興的經濟體，在努力管理現代化進程的同時，也面臨變化加速所衍生的種種挑戰，但新興經濟卻享有 19 世紀末第一次工業革命所沒有的優勢。他們可有不同模式的選擇：西歐模式（略有差別）、美國模式、蘇聯模式或按照各自的特殊歷史、文化和傳統的度身訂造的獨創模式。中國本身的「變革之旅」已經催生了經濟、社會體制與辦事方式的轉型、以及一個繁榮的社會；中國正正是一個有效管理變化的優秀例證。

對於新興經濟體而言，這種變革之旅往往十分漫長，他們面對一個十分重要的問題：究竟應該望向「東方」——中國的驚人經濟表現，抑或望向「西方」——越來越主流的美國模式？一個國家如何才能成為一個現代化國家，同時又能守護本國的價值、傳統和文化？在我們這個易變、不確定、複雜與模糊的世界中，這是一個微妙的變化過程。一方面，我們見證了類似「優步化」的顛覆性創新，如何能夠在許多地方明顯地造成危機；另一方面，正如中國國家主席習近平所展現的例子，我們觀察到消除文化中根深蒂固的貪腐，總不是那麼一個平順過程。

中國能夠利用並開發她的現有優勢，廉價的運營成本、低廉的工資、受教育的年輕人、追求成功的熱情、急起直追的野心，以及矚目的技術創業動力，催生眾多本土初創企業。但是，在當今的背景之下，以上可算是中國通往更加美好未來的必要及充分的途徑嗎？中國人已被捲入全球化的進程內，並且在世界上扮演越來越重的角色。

任何在中國關注環境的人，就像世界上任何其它地方的人一樣，會發現當下對氣候變化、全球化進程的後果，以及數位技術影響的關注，是多麼的有理有據。因為我們已經開始意識到，我們身處的第二次工業革命有異於第一次工業革命，第二次工業革命創造的新職業不會取代現有的工種，反之，隨着我們歷經一次接一次的危機（生態、科技、金融），我們顯然正在被引向一種新文明。再者，我們應該意識到一個大家心知肚明，卻避而不談的問題，這種新文明正在質疑我們目前一起生活的模式，並揭示了西方主流的模式與類似模式已是明日黃花。

昨日的世界版圖正被重畫，其中有中國迅速地成為領頭羊，與一些金磚國家和其它新興市場重新規劃貿易模式。當非洲正在快速成熟時，衰老的歐洲卻依然苦苦掙扎、試圖強化國家地位、維持昔日勢力、藉此蒙混過關。

目前為止，美國仍舊能夠充當「老大」，或在世界某處出現衝突與騷亂的地方扮演「警察」的角色，即使代價是將盟友拖入爭議之戰。

儘管中國與俄羅斯對美國霸權的挑戰不斷升級，但美國依然是許多新興經濟的樣板。中國與發展中國家的人民仍舊夢想着理想化的美國生活方式，即使美國式的消費與浪費代表這夢想只會是虛幻的目標，而且極可能只是南柯一夢而已。

儘管如此，美國與歐洲依然像磁鐵般吸引着大量試圖擺脫經濟困境或政治火海的移民，或那些希望尋找機會增進自己才華的人。對於中國的精英而言，縱使他們的技能在國內的需求非常殷切，但出國大展拳腳依然相當吸引。

顯然，無論是在中國還是西方，我們都不是細心的地球園丁，雖然我們本該如此。我們與大自然之間的掠奪關係持續消耗着天然能源、不可逆轉地污染着自然環境、破壞着生物多樣性，而我們依然危險地無視生態變化與社會公義之間的關聯。

代議制民主在聯合國193個成員國當中的114個國家中，是「官方的」主流模式，它需要艱巨的機制建設、共同價值觀、對法治的認同。今天的中國卻不大欣賞這種政制。

目前代議制民主受到廣泛質疑，隨着功能失衡日益顯著，導致它在一些國家中實際上正在退化。以政治而言，幻想破滅的民眾一般會對政客的短線、尋求連任目標、或當選代表的民粹行為持懷疑態度。

當金錢成為資助競選活動的最重要因素時，公眾對於政治體制的信心與信任便會削弱，甚至徹底破滅。

結果是民主制度的崩塌，致使「長江後浪推前浪」這種樂觀觀念逐漸式微，中國除外。有勢力人士和富人試圖通過遊說或資助競選來影響選舉結果，明顯地加劇了收入不平等。[1]

雖然當今主流的經濟模式已大幅減少了世界上的貧窮人口數字，它卻並未隨之帶來公平、公正與幸福。

主流經濟模式的增長目標，顯然能夠創造財富，卻似乎不能同樣有效地分配財富。

國內及國與國之間超明顯、日益惡化的社會不平等，赤裸裸地揭露了一個真相：財富並未如人期望般可由上而下涓涓細流，亦不會水漲船高。在數碼經濟中，「贏家通吃」模式俯拾即是。

我們目睹 Facebook 收購 Instagram 與 WhatsApp，或 Google 獨霸市場，並且吞噬任何不知好歹的新丁。如果這景象是對的，中國也依樣葫蘆的話，那麼更美好的未來還有希望嗎？ 我們又能指望誰去尋找一個既現實、又有效的解決方案呢？

商業能否貢獻我們更加美好未來？西方的旁觀者們看來，商界近期的行為無法挑起公眾對商界領袖們有良好觀感。《經濟學人》雜誌是這樣評論的：「公眾對商業領袖的信心已跌至歷史新低。埃德曼公關2014年的一次民意調查顯示，只有不到一半的受訪者信任行政總裁……。近期一篇學術評論文章如此結論：『每兩名領袖和經理中就有一人被認定是不稱職的』（即令人失望、能力不足、所託非人或一敗

塗地）…… 2011 年，世界上有六分之一的公司撵走了他們的行政總裁。」(《經濟學人》，2015，第 82 頁）

來自歐洲乃至更遠地區的左翼與右翼民粹主義者們都在怒斥企業的貪婪。而與此同時，越來越多企業員工正變得心灰意冷，缺勤率日漸上升。

企業形象亦因連串醜聞而一落千丈，如大眾汽車、東京電力、滙豐銀行、巴克萊銀行、法國巴黎銀行、瑞銀集團等等。因公司營運直接引起的環境災害的醜聞，如英國石油公司漏油事件與日本福島核電站災難；由於忽視健康安全標準，而導致大量人員死亡的醜聞，比如孟加拉的拉納廣場大樓倒塌事故，以及中國富士康員工自殺事件。

（違反）道德醜聞包括貪污、洗錢、寡頭壟斷與價格操控、內部交易和操縱外匯市場等等，嚴重損害了企業領袖的公信力，也破壞了與主要持份者的關係。

金融家取代工程師，成為製造公司的頂頭上司，也因此改變了公司的企業文化。經濟金融化也導致了「利潤為先，人為後」的局面。擁有強力複雜運算功能及超高速的電腦造就了高頻交易，導致交易員與其公司變成了賺錢機器，這似乎已成為整個企業界趨之若鶩的潮流。過分優厚的行政人員薪酬，加劇了社會的財富懸殊[2]。正如《金融時報》社評指出：「董事局與員工之間的巨大薪酬差距，鮮有人認為有任何合理的經濟或道義理由。這也正是 2011 至 2012 年間，『佔領華爾街運動』與世界上其它類似抗議能夠博得如此多同情的原因。」(普倫德，2015，第 14 頁）

企業購入自家股票，來抬高股價與股東權益回報率，藉此加大他們薪酬待遇中與股價掛鉤的成分[3]。企業在海外申報盈利，以逃避本國納稅的趨勢，引發了公眾的觀感：大企業只關心榨取價值而非創造價值，以及大企業藐視授權他們經營的社會。在中國，公益的責任似乎往往外判了給政府的道德領袖。

公眾普遍對企業持負面觀感，主要原因是由於企業對自然環境造成的影響，而企業只是把自然環境當作是純粹剝削的資源，加上企業定義員工只不過是另一種可被利用／或濫用的資源。

在競爭激烈的全球市場中，企業只能短線管理資源外，還需要每季度向股東提交滿意業績，這通通對公司決策者構成壓力，迫使他們唯有注重利潤。接下來，決策者又被迫依賴「精益製造」、削減成本、裁減人手與提高生產力，結果導致了大量員工無心工作。

據稱，在西方大型公司中僅有 20% 的員工積極投入及忠於僱主。因此，個人與組織之間的聯繫需要重新建立。正是這些功能失衡，解釋了為何在一些歐洲國家中，公眾對經濟發展觀的信心——「發展號」列車竟然載着那麼多「負外部性」——正在急速下滑。在中國是否也有類似的趨勢？

如果我們想改善自己的未來前景，我們必須接受這個事實，也就是「文明的變化」向很多時下假設提出的挑戰，同時新科技與改變中的價值觀，帶給新世紀新的問題。數位化，尤其是社交媒體，或許賦予我們更多的自由和無限的可能性，但同時也要求我們在運用時承擔更大的責任。

中國——當今世上發展最高速的國家，正在展示出她的學習能力：如何有效改革經濟與管理變革。不過，我們應確信她也正在邁向更美好的未來。這個未來不應直接複製有問題的西方模式。反之，憑藉利用西方國家的成就，中國可趁機會在別人的錯誤中學習、創新，及避開主流商業模式的缺點。

---

1 雖然世界貧困線以下人口已經從 1993 的 35% 下降到 2015 年的 14%，實現了巨大改善，但據世界衛生組織的資料，今天依然有 8.36 億人每天的生活費低於 1.25 美元，每天仍有 16000 個孩子死亡。

2 詹金斯 P 寫道：「……工資最高的資產管理公司老闆，比如黑石集團的拉裡·芬克（2400 萬美元），已經與摩根大通的傑米·戴蒙（2800 萬美元）以及高盛集團的勞埃德·布蘭克費恩（2200 萬美元）不相上下。」《金融時報》，20/10/2015，第 14 頁。

3 拉佐尼克對美國 2003 至 2012 年間情況的研究顯示，有 90% 的大公司將收益的 54% 用於投資購買自家股票。拉佐尼克 W：〈股票回購：從保有到再投資，到精簡與分銷〉，《布魯金斯研究報告》，17/04/2015。

商業領袖的核心領導力

編　著	聖座促進人類整體發展部
編委會成員	聖多瑪斯大學天主教研究中心—— 天主教社會思想若望萊恩學院（美國明尼蘇達州）
中文譯本主編	澳門利氏學社
翻譯（英譯中）	劉喬奇
責任編輯	周詩韵　劉敬華
封面設計	蘇祺茵
美術設計	簡雋盈
出　版	明窗出版社
發　行	明報出版社有限公司 香港柴灣嘉業街 18 號 明報工業中心 A 座 15 樓
電　話	2595 3215
傳　真	2898 2646
網　址	http://books.mingpao.com/
電子郵箱	mpp@mingpao.com
版　次	二〇二一年十二月初版
ISBN	978-988-8687-58-9
承　印	美雅印刷製本有限公司

由澳門基金會資助出版